MÉMOIRE

DE LA CHALEUR

DE

LA LUMIÈRE ET DE L'ÉLECTRICITÉ

PARIS. — IMP. V. GOUPY ET Cⁱᵉ, RUE GARANCIÈRE, 5.

MÉMOIRE

SUR LES CAUSES ET SUR LES EFFETS

DE

LA CHALEUR

DE LA LUMIÈRE

ET

DE L'ÉLECTRICITÉ

PAR

M. SEGUIN aîné

CORRESPONDANT DE L'INSTITUT (ACADÉMIE DES SCIENCES)

PARIS

A. TRAMBLAY, DIRECTEUR DU COSMOS

39, RUE DE PALESTRO

PRÈS LE SQUARE DES ARTS ET MÉTIERS

—

1865

MÉMOIRE

SUR LES CAUSES ET SUR LES EFFETS

DE

LA CHALEUR,

DE LA LUMIÈRE, ET DE L'ÉLECTRICITÉ,

Par M. SEGUIN ainé,

Correspondant de l'Institut (Académie des sciences).

I

La répugnance que j'éprouve à me déplacer, à mesure que j'avance en âge, m'a décidé à demander à M. Ruhmkorff une bobine d'induction de 120 kilomètres, et un appareil des plus complets de Faraday, pouvant supporter un poids de 1 500 kilogrammes, destinés à étudier et faire étudier, sous mes yeux, à mes enfants et vérifier les phénomènes électriques, diamagnétiques et autres d'un si haut intérêt pour mes nouvelles théories, qui sont le résultat d'un courant électrique à travers des gaz très-raréfiés.

Parmi tous les beaux travaux qui ont signalé et mis au jour des faits si étonnants et si remarquables, j'ai été surtout frappé des expériences intéressantes dont notre célèbre confrère M. de La Rive nous a donné un résumé dans le compte rendu de la séance de l'Académie des sciences du 13 avril 1863.

Ce travail si beau, si digne de la réputation de son auteur, les remarques si judicieuses de M. de La Rive, que ces effets n'ont lieu que lorsque l'électricité dans son trajet rencontre des substances *matérielles pondérables*; que ce phénomène est *purement mécanique*; l'analogie qu'il établit entre ces divers ordres de faits et ceux qui caractérisent le passage des comètes au périhélie du soleil; et les réflexions si sages que toutes ces notions acquises sont de nature à jeter un jour nouveau sur la *constitution physique des corps*; tout, dans cet intéressant mémoire, est venu confirmer chez moi la justesse et la vérité des résultats obtenus par les savants et zélés expérimentateurs qui étudient de leur côté ces intéressants phénomènes. Je me suis ainsi affermi dans l'idée que je cherche à faire prévaloir depuis si long-temps, parmi les savants, que toutes les apparences que présente cette série de phénomènes électriques sont la conséquence pure et simple de l'action que les corps matériels exercent les uns sur les autres à un état très-avancé de division, en vertu de l'attraction newtonienne en raison directe des masses et réci-proque au carré des distances.

Je ne m'attacherai pas à faire prévaloir mes opinions par aucune considération particulière, dans un si important sujet, parce que je ne pense pas qu'en pareille matière on puisse faire autre chose que d'exposer les faits, en laissant à chacun le soin de les juger, après en avoir fait l'examen à sa manière.

Il ne faut pas oublier que cette opinion fut celle à laquelle s'attacha le grand Newton, qu'elle a été adoptée par notre célè-bre compatriote Biot, qui l'a développée dans son grand traité de physique. Remplacée par celle des ondulations à laquelle elle s'est substituée depuis lors et mise momentanément en oubli; elle vaut bien, sans doute, la peine d'être reprise aujourd'hui devant l'ensemble de tant de phénomènes nouveaux qui n'avaient été ni observés, ni étudiés, parce que les faits sur les-quels ils reposent n'étaient pas connus.

On comprend qu'à une époque, où l'on était moins difficile qu'on ne l'est aujourd'hui pour créer des agents reposant sur des hypothèses dont on croyait avoir besoin pour expliquer des faits qui s'écartaient des idées reçues et acceptées alors, on ait fondé une théorie établie sur de vagues comparaisons, entre le mode de propagation du son et celui de la lumière. Ces idées, combinées avec les expériences qui avaient mis Newton sur la voie de déterminer, par l'observation des anneaux colorés, les limites de l'étendue entre lesquelles se produisent les diverses couleurs du spectre, amenèrent Fresnel et ensuite Ampère à établir par des calculs analytiques qui rendaient compte, et allaient au-devant, dans le plus grand nombre des cas, de ce que l'expérience avait indiqué! Mais, on ne peut cependant disconvenir que l'idée d'une vibration qui a lieu dans un temps donné sur un espace d'une certaine étendue, n'est pas nécessairement liée à la nature de l'impression lumineuse qui en résulte sur notre œil; et que cette impression peut être le résultat de toute autre cause qui produit des effets dont les mêmes calculs peuvent rendre compte. Il règne donc une première et très-grande incertitude sur le principe fondamental qui sert de base à ce mode d'envisager les faits.

Une seconde et plus grande incertitude encore, qui plane sur le système des ondulations, est celle de la création gratuite d'un être hypothétique que, sous le nom d'éther, on crut devoir dépouiller de toutes les qualités qui constituent la matière pour le faire régner, et étendre son empire, jusqu'aux limites les plus reculées de l'espace où l'on a reconnu que se propagent les phénomènes lumineux.

Et cependant c'est sur de pareilles données, dont la probabilité décroît nécessairement comme le produit des nombres qui expriment leur incertitude, que furent basés les admirables calculs établis par Fresnel et par Ampère, dont la justesse et la précision, complétement indépendantes des suppositions qui leur servent de base, ont été cependant considérées jusqu'ici comme les seules preuves que les partisans des ondulations pussent produire et faire valoir en faveur de leur système.

La résolution de cette grave question se résume donc à savoir si les calculs employés par la science pour déterminer les circonstances dans lesquelles s'opèrent et s'accomplissent les divers phénomènes lumineux observés jusqu'ici, sont susceptibles d'être appliqués aussi à un mode d'envisager les faits qui vient se ranger tout naturellement sous l'empire de la grande loi de l'attraction qui régit tous les êtres dont l'existence a été constatée par l'observation, reconnue par la science, et à laquelle rien n'a échappé jusqu'ici.

II

Et je rappellerai tout d'abord, ainsi que je l'ai répété jusqu'à satiété, dans toutes les circonstances où j'ai eu occasion de faire connaître mon opinion à cet égard, qu'il est difficile, en présence de la corrélation et de la coïncidence qui existe entre les phénomènes qui se rapportent à la chaleur, la lumière, l'électricité, le magnétisme et aux autres agents analogues, connus ou inconnus, de ne pas reconnaître que tous ces phénomènes procèdent d'une seule et même cause. Comment, en effet, en présence des actions matérielles si puissantes que l'on constate aujourd'hui être le résultat de l'emploi de l'électricité, pourrait-on continuer à considérer ces effets comme étant le résultat d'un agent qui lui-même est dépourvu de toutes les qualités et attributs de la matière, agent qui cependant agit sur elle de la même manière que les corps matériels en mouvement.

On voit en effet que la puissance mécanique obtenue par les moyens nouveaux que la science a découverts pour produire l'électricité est si grande, que son action suffit pour mettre en mouvement des masses aussi considérables qu'on puisse l'imaginer, et qu'elle peut être utilisée comme moyen partout où l'on a besoin de développer et d'employer de la force mécanique. L'action de la lumière opère aussi, dans l'état des corps, des changements qui modifient matériellement les actions que ces mêmes corps exercent les uns sur les autres; et l'on sait le rôle important qu'elle joue dans les réactions chimiques, en influant sur la nature de leurs combinaisons, et faisant apparaître, sous son influence, des nouveaux composés qui ne se seraient pas produits sans son intervention.

Il devient donc important d'examiner et de s'assurer s'il n'est pas possible de substituer aux actions imaginaires d'un fluide que l'on suppose dépouillé de tous les caractères qui constituent la matière, les actions de cette même matière portée à un état de division et de densité suffisantes pour donner une explication aussi satisfaisante des faits que par la supposition de l'existence de l'éther, tout en remplissant les mêmes fonctions qu'on lui attribue.

Lorsqu'on considère, philosophiquement et avec attention, le mode d'action qui préside à tous les actes de la création et les caractérise essentiellement, on arrive bien vite à reconnaître, que les lois qui régissent la matière organisée tendent de plus en plus à se généraliser et à se simplifier, en éprouvant une tendance à procéder d'une cause unique qui, sous diverses formes modifiées d'une infinité de manières, les embrasse tous, et cela, par la raison qu'il n'en a coûté ni plus ni moins à l'infinie puissance de Dieu pour en agir ainsi, et que cela est plus dans l'harmonie de son essence ! Et l'on se demande alors pourquoi, par suite d'une exception toute particulière, une des parties les plus intéressantes des phénomènes de la création échapperait à la loi générale pour venir se ranger sous l'empire d'une loi exceptionnelle ?

Mais, avant de se décider à affronter toute l'invraisemblance qu'entraîne avec elle une pareille supposition, convient-il, au moins, de remettre en discussion le système d'où elle émane et sur lequel elle est fondée. Or, le premier acte de cette discussion consiste à entrer dans cette voie large qui ne s'arrête pas devant des considérations puériles et secondaires, et mène directement au but qu'on se propose d'atteindre; et l'on y parvient en abordant franchement les considérations dont nous avons déjà l'exemple dans la perception de l'infini du temps et de l'espace, quoique ces notions soient incompatibles avec notre nature, incompréhensibles pour nous, et que notre intelligence se refuse, d'une manière absolue, à la faire rentrer et à l'assimiler au mode sous lequel nous envisageons les autres actes de la création. Car il ne faut pas perdre de vue que l'infini est partout, nous environne de toutes parts, et que cependant notre raison éprouve une résistance invincible à l'admettre toutes les fois que sa croyance ne nous est pas imposée par des conditions qui la maîtrisent impérieusement.

Tant que l'on peut exprimer une quantité par des chiffres ou bien par une notation quelconque qui fixe et arrête les idées, quelque exagérée, et même quelque incompréhensible que puisse paraître la perception de ce nombre, on peut classer dans son esprit les conditions auxquelles se rapporte son existence numérique; mais cet acte de l'esprit ne peut s'élever jusqu'à établir une subordination entre l'idée qu'il attache individuellement à chacun de ces nombres lorsqu'il les compare à l'infini! On peut donc attribuer à la matière telle dimension, telle densité que l'on voudra, sans que cette supposition blesse en rien ce qui est conforme à notre nature, et que l'on puisse invoquer son invraisemblance pour refuser de l'admettre, s'il n'existe pas d'autre impossibilité pour en refuser l'acceptation.

III

Dans les différents mémoires que j'ai lus à l'Académie en 1848 et années suivantes, j'ai admis comme l'expression arrêtée de mon opinion, dans le fonds, mais non dans la forme, que la densité des molécules matérielles primitives était $10^{10^{ie}}$ fois plus considérable que celle de la terre et que par contre, leur rayon était égal à celui de la terre divisé par ce même nombre soit $\frac{1}{10^{16}}$. Si toutes les facultés de l'esprit sont écrasées et anéanties devant l'idée que l'on peut se former de ces nombres, cette immensité, cependant, disparaît devant l'idée de l'infini que Dieu, dans tant d'autres circonstances, a imposée à notre faible nature, par exemple, dans le nombre illimité de corps célestes qui peuplent l'espace! Ces nombres, quelque grands, quelque incompréhensibles qu'ils paraissent, étant comparés à l'infini, se trouvent donc placés sur le même rang que les quantités les plus minimes que l'on voudrait comparer également aux vastes espaces qui embrassent toute l'étendue des univers!

Or, ce sont les agrégations moléculaires qui résultent nécessairement des combinaisons des molécules matérielles obéissant à l'attraction Newtonienne, qui se trouvent en présence les unes des autres, que je substitue aux molécules éthérées telles que les conçoivent les partisans des ondulations, en admettant que la réunion de ces molécules forme une infinité de systèmes de tous les ordres, analogues aux nébuleuses qui peuplent l'espace.

Le système des ondulations suppose que la nature de l'impression lumineuse est déterminée par la fréquence et l'amplitude des oscillations des molécules éthérées, qui, en se communiquant de proche en proche, mettent successivement en mouvement toutes les parties de l'éther qui se trouvent comprises entre le foyer, d'où émanent les rayons, et le point de l'espace où ils sont perçus. D'où il suit que toute cause, quelle qu'elle soit, pourra être substituée à cette hypothèse, pourvu que les effets qui en seront la conséquence suffisent à expliquer également bien les phénomènes de la vision : et que les mêmes formules analytiques dont font usage les géomètres, pour les calculer et les prévoir, puissent aussi être appliquées à ce nouveau mode d'envisager les faits. Or, je crois pouvoir démontrer que toutes ces conditions sont aussi des conséquences nécessaires du mode sous lequel ont dû se grouper les molécules matérielles disséminées dans l'espace, lorsqu'elles ont commencé à obéir aux lois de l'attraction.

En effet il me paraît évident, que la matière, à l'état de division où je l'ai supposée exister dans l'espace, a dû obéir aux mêmes lois que lorsqu'elle se trouve, sous nos yeux, dans des conditions analogues, en dissolution dans un liquide ou bien, au même état dans un fluide aériforme, et qu'elle se réunit pour former des cristaux qui deviennent apparents à nos yeux ; phénomènes qui, évidemment, dérivent des mêmes causes et obéissent aux mêmes lois qui ont présidé à l'organisation, aux mouvements et à la pondération des corps célestes qui remplissent l'immensité de l'espace, et dont l'observation nous a fait reconnaître l'harmonie et l'admirable structure ; toutes conditions qui se réunissent pour nous démontrer que les lois instituées par Dieu pour régir la matière, agissent partout et toujours d'une manière invariable, dans tous les temps et dans tous les lieux.

Il est très-probable que, par suite de l'une de ces lois qui échappent à notre intelligence, l'étendue de l'espace dans lequel prennent naissance les agrégations matérielles et la quantité de molécules qui s'y trouvent disséminées, influent sur la nature et la dimension des combinaisons premières qui sont le résultat de ces agrégations, en constituant ce que les chimistes désignent sous le nom de corps simples. Il est probable en outre que les corps qui sont le résultat de ces agrégations éprouvent ensuite une tendance d'autant plus grande à se réunir qu'ils approchent d'avantage de l'unité élémentaire, ou qu'ils se trouvent dans des conditions favorables et propres à favoriser leur réunion.

Il serait sans doute aussi téméraire qu'imprudent de hasarder aucune conjecture sur l'étendue qu'a embrassée dans l'espace la nébuleuse de la voie lactée à laquelle nous appartenons ; et si cette nébuleuse ne forme pas elle-même l'un des éléments d'une agrégation d'un ordre supérieur dont l'espace est peuplé.

En considérant le système du soleil comme l'un des termes de cette grande série qui se trouve le plus à portée des limites auxquelles peuvent atteindre nos investigations, on peut conjecturer que les molécules matérielles voyageant ensemble pour converger vers leurs centres de gravité respectifs, ont perdu les rapports primitifs de distances auxquelles elles se trouvaient les unes des autres à l'origine de leurs mouvements ; et qu'elles ont laissé entre elles des espaces vides de matière comme il arrive dans les précipitations chimiques, où l'on voit

le liquide abandonner les parties solides qu'il tenait en dissolution, tandis que celles-ci, en obéissant à leurs attractions réciproques, se réunissent pour donner naissance à des cristaux.

Tout ce qui sort de la main de l'homme porte nécessairement
avec soi l'empreinte de la faiblesse des moyens que lui a dé-
partis la providence divine, faiblesse qui exclut de ses actes toute
possibilité d'exactitude mathématique.

Mais il n'en est pas ainsi des œuvres de Dieu, et l'harmonie
qui préside à tous les actes de la création suffit pour nous faire
présumer que, très-probablement, il existait aussi une égalité
parfaite entre la dimension, le volume, la densité et les espaces
qui séparaient les molécules matérielles à l'origine de leur formation. On comprend dès lors comment, dans ces conditions,
les molécules, se faisant de toutes parts réciproquement équilibre, ont dû obéir exactement et mathématiquement à toutes
les conditions que cet état leur imposait, condition dont la
première était de conserver les positions primitives qu'elles
occupaient, et de rester, par conséquent, indéfiniment au repos
jusqu'à ce que cet équilibre troublé, même par la plus minime
de toutes les causes, ait pu suffire pour déterminer la masse
entière à se mettre en mouvement.

Il est résulté de ce mouvement deux conséquences importantes
bien distinctes qu'il convient d'examiner chacune en particulier :
la première a été de diminuer d'autant plus les distances qui
séparaient les molécules, et d'augmenter par conséquent la densité des espaces qui les renfermaient, que ces espaces étaient
plus rapprochés du centre de gravité. Il est résulté de là qu'il
s'est formé des centres d'actions partiels ou agrégations de
molécules différant entre elles par leur étendue, leurs masses,
leur densité, et cela d'autant plus, que ces formations avaient
lieu dans des points de l'espace plus éloignés les uns des autres
ainsi que de leurs centres de gravité respectifs.

Or ce sont ces divers ordres d'agrégations qui ont successivement donné naissance aux nébuleuses, aux étoiles, aux planètes, aux satellites, aux corps solides, liquides, gazeux, calorifiques, lumineux, électriques et autres dont l'existence connue
ou inconnue a pu être constatée, entrevue ou soupçonnée sans
qu'il ait été possible encore d'en déterminer les caractères.

Chacune de ces agrégations, considérée individuellement
comme appartenant à l'un des ordres des divers centres d'action,
recèle en soi une quantité de mouvement exprimée par la masse

des molécules qui la composent, multipliée par le carré de la vitesse qui représente l'espace qu'ont parcouru ces molécules ou ces agrégations, depuis le moment où elles ont commencé à se porter vers leurs centres de gravité respectifs jusqu'à celui où elles sont arrivées au point où on les considère.

Cette quantité de mouvement invariable tant que la distance des corps ne change pas, est la mesure de la vitesse et du temps employés par chaque système de corps, depuis les nébuleuses jusqu'aux plus minimes agglomérations de matière, à accomplir leurs révolutions sidérales et leurs mouvements sur elles-mêmes; elle ne peut pas plus être annihilée, ni créée, que la matière elle-même, et elle représente précisément la quantité de force nécessaire pour ramener chaque molécule matérielle du point où elle se trouve à celui d'où elle était partie à l'origine de son mouvement, vérité reconnue et manifestée d'une manière si éclatante par le célèbre Faraday dans sa remarquable leçon à *Royal institution le 27 février* 1857. Principe sur lequel est basée la loi de la gravitation universelle et celle des aires de Képler qui en est la conséquence immédiate.

La seconde conséquence qui résulte du mouvement d'un amas de molécules, en considérant l'ensemble des mouvements de toutes ces molécules comme dirigé au centre commun de gravité, est l'augmentation de densité, soit la plus grande quantité de molécules comprises dans un espace donné, à mesure qu'on s'approche de plus en plus du centre de figure de cet espace.

On comprend en effet, qu'à l'origine de leur mouvement, toutes les molécules constituant l'amas que l'on considère, ou les centres de gravité partiels formés par la réunion de ces molécules, ont dû graviter vers le centre commun avec des intensités d'action proportionnelles aux distances qui les séparaient de ce même centre, se mettre en marche en augmentant continuellement de vitesse, y arriver en le traversant, animées, en cet unique point, d'une vitesse infinie, et continuer leur marche en ligne droite dans une direction opposée à celle où elles se trouvaient d'abord pour venir se replacer à la même distance; rester au repos, à ce point, pendant un temps infiniment court, et continuer ainsi, et toujours de la même manière, à accomplir une suite indéfinie d'oscillations.

Les molécules, en continuant ces mouvements et parcourant les rayons vecteurs de leurs orbites ou des ellipses très-allongées, si la densité des agrégations dont elles faisaient partie n'était pas parfaite, il en est résulté que chacune d'elles, en augmentant continuellement de vitesse, a occupé successivement toutes les positions comprises entre le lieu qu'elle occupait d'abord lorsqu'elle a commencé à se mettre en mouvement, et le point où elle a traversé le rayon vecteur perpendiculaire au grand axe. Si ces divers amas de molécules s'étaient trouvés dans l'espace, isolés de toutes parts et assujettis seulement aux actions que les molécules qui les composaient exerçaient les unes sur les autres, chacune d'elles se serait dirigée en droite ligne au centre de gravité, et toutes y seraient arrivées en même temps. Mais, comme chacun de ces systèmes, ou agrégations, était entouré par d'autres systèmes analogues, dont chaque partie exerçait aussi des actions sur les autres systèmes dont il était environné, il en résultait que les molécules placées aux confins de chacun de ces systèmes se trouvaient sollicitées par des actions opposées, qui tendaient à maintenir au repos les molécules placées dans ces conditions jusqu'à ce que la constitution de ces divers systèmes, en éprouvant des changements qui rendaient l'action de l'un d'eux prépondérante sur celle des autres, déterminât la molécule à venir se réunir à lui. Toutes les molécules, considérées comme appartenant à des centres d'action distincts, gravitaient donc vers leurs centres de gravité respectifs, suivant une loi mixte dans laquelle l'attraction en raison inverse du carré des distances devait dominer de plus en plus, à mesure qu'on s'approchait du centre de gravité, et cela par suite de la concentration successive et toujours croissante des molécules qui avait lieu vers ce point ; tandis que celles de ces molécules les plus éloignées du centre éprouvant davantage l'action contraire des systèmes environnants, en même temps que la densité des espaces qu'elles occupaient approchait davantage de l'égalité, elles tendaient à ne plus être attirées qu'en raison directe de ces mêmes distances.

IV

Il résulte de l'ensemble de ces divers mouvements, que l'étendue des vibrations, ou si l'on veut, le rayon vecteur que décrit dans ce cas chaque molécule, tend toujours à diminuer, puisque la masse attirante comprise entre les limites du rayon vecteur augmentant à chaque oscillation, la quantité invariable de mouvement dont elle est animée, qu'elle possède et recèle en soi, est toujours représentée par un espace parcouru d'autant plus petit que la masse attirante à laquelle obéit cette molécule est plus grande, effet analogue à ce qui a lieu dans le système du soleil, où les astronomes de nos jours ont constaté, par l'observation, des perturbations anormales dans les mouvements séculaires des corps célestes qui accomplissent leurs révolutions le plus près de cet astre, perturbations qui ne peuvent s'expliquer par la théorie de la gravitation universelle.

On peut donc, sans s'écarter du vraisemblable et du probable, conjecturer qu'à l'origine du mouvement de la matière, les molécules primitives, dont j'ai arbitrairement défini les conditions d'existence en égard à leur volume, leur densité et les distances qui les séparent, se sont groupées en agglomérations primitives, formées aussi en proportions définies par un nombre prodigieux de molécules, en vertu des mêmes lois qui déterminent sous nos yeux les combinaisons des molécules dissoutes dans des liquides ou dans des gaz, et qu'il en est résulté des systèmes de corps dont les dimensions, les masses, les mouvements remplissaient toutes les conditions que les physiciens ont été amenés à attribuer aux molécules éthérées pour parvenir à expliquer tout ce qui se rapporte aux observations qui ont pour objet la chaleur, la lumière, l'électricité et autres manifestations de la matière. Toutes conséquences que j'ai déduites de la théorie émise en 1800, par Montgolfier, qui consacre le principe de l'identité de la chaleur et du mouvement, et met à néant tout l'échafaudage du mythe de l'éther et des corps impondérables, imposés gratuitement à la science pour donner l'explication de faits qui rentrent, dès lors, et viennent se ranger tout naturellement et sans efforts sous les lois et le règne de l'attraction universelle.

En comparant entre elles les deux théories de l'émission et des ondulations, dans le but de donner une explication satisfaisante de cette grande classe de phénomènes, dont la cause est restée jusqu'ici cachée à nos yeux, qui se rapportent aux manifestations de la chaleur, de la lumière et de l'électricité, on voit que les partisans du système des ondulations considèrent les mouvements des molécules éthérées auxquelles ils attribuent les phénomènes de la vision, comme leur étant communiqués de proche en proche, depuis la molécule en contact avec le foyer d'où émane la lumière, qui se trouve ébranlée et mise en vibration par suite de l'action que ce foyer exerce sur elle, jusqu'à celle de ces molécules qui occupe le point placé à l'extrémité de la file où a lieu l'impression lumineuse observée.

Dans le système de l'émission, auquel je cherche à ramener l'explication des phénomènes, les effets que j'attribue aux mouvements des molécules matérielles, par suite de l'action réciproque qu'elles exercent les unes sur les autres, remplacent ceux que les partisans des ondulations considèrent comme étant dus aux mouvements des molécules éthérées ; mais avec cette différence capitale que les mouvements des molécules que je regarde comme la cause de ces effets, sont les conséquences nécessaires et l'accomplissement obligé de l'invariable et immuable loi de l'attraction qui régit sans exception toute la matière créée ; tandis que le système des ondulations repose sur une supposition arbitraire, incompatible avec les saines doctrines qui sont liées à l'accomplissement des lois du mouvement.

En admettant donc comme vraies, les suppositions sur la longueur et la fréquence des ondes éthérées que les partisans des ondulations ont considérées comme déterminant la nature des diverses sensations que la lumière fait éprouver, soit aux organes de la vision, soit aux corps qui en sont affectés, les effets, dans les deux cas, seront exactement les mêmes, et les calculs établis par les célèbres analystes qui ont consacré leur talent et leur haute capacité à la résolution de ces intéressantes questions, pourront être également bien appliqués dans l'un comme dans l'autre cas.

Il suffira donc de déterminer par des calculs dont la marche est tracée, et dont la mise à exécution ne présente aucune difficulté sérieuse, quelles sont les conditions à remplir pour qu'il résulte de l'action réciproque que les molécules exercent les unes sur les autres, des agrégations formant des systèmes, dont les dimensions, le nombre ainsi que la densité des molécules qui les composent, satisfassent aux conditions de vitesse et d'amplitude des ondes, que les partisans des ondulations ont considérées comme les causes premières, auxquelles étaient subordonnés les phénomènes qui accompagnent la production de la lumière et de la chaleur.

Par suite des considérations que j'ai exposées plus haut, ces agrégations pourront et devront varier entre elles dans leurs masses, leurs volumes, leurs formes et exercer réciproquement les unes sur les autres, des actions qui détermineront, dans la nature de leurs mouvements, des variations analogues aux causes qui les ont produites.

Celles de ces agrégations qui seront formées dans des régions où il existait une grande régularité dans la distribution des molécules qui ont concouru à leur formation, porteront elles-mêmes ce caractère de régularité, et les molécules exécuteront des oscillations autour du centre de gravité, soit dans la direction du rayon vecteur, soit dans des ellipses plus ou moins allongées qui seront circonscrites dans des sphères ou des ellipsoïdes. Les assemblages formés par ces molécules dans ces conditions, voyageant ensemble dans des circonstances semblables conserveront entre eux leurs positions respectives, et les mêmes rapports de distance, produiront des effets identiques partout où ils exerceront les mêmes actions. Tandis que les molécules composant les agrégations qui se seront formées dans des lieux où il existait des différences dans la densité de l'espace où ces formations auront pris naissance, éprouveront, dans les éléments des trajectoires qu'elles décrivent, des perturbations qui feront varier les grands axes des ellipses qui mesurent l'amplitude de leurs oscillations autour du centre de gravité, en sorte que l'étendue de ces oscillations se trouvera circonscrite dans des ellipsoïdes à plusieurs axes.

On voit facilement que les résultats de ces mouvements dans des ellipses très-allongées seront de concentrer les molécules à une distance du centre de gravité, qui aura pour limite la longueur du petit axe, et correspondra à son extrémité ; et qu'à partir de ce point, soit en s'en rapprochant, soit en s'en éloignant la quantité de molécules existant dans un espace donné, soit la densité de l'espace en chacun de ces points, ira en diminuant, en sorte que le noyau de l'agrégation, ainsi constituée, pourra se trouver presque entièrement privé de la matière pondérable qui forme l'agrégation à laquelle il appartient, conditions dont l'accomplissement donnerait une explication satisfaisante du phénomène de la vapeur vésiculaire entrevu ou soupçonné par les physiciens, et pourrait aussi contribuer à expliquer le fait constaté par les astronomes, de ces zones concentriques relativement plus obscures que les régions placées à une plus grande distance du noyau des comètes qui en forment la queue, et du mouvement des étoiles doubles autour de leur centre commun de gravité respectif.

Toutes ces agrégations, ou d'autres d'un ordre supérieur dont elles n'étaient elles-mêmes que les éléments, ont dû se trouver assujetties aux lois de régularité et de symétrie, qui président à la formation des cristaux. Mêlées et confondues en proportions définies, leur ensemble produit sur nos sens l'impression de la lumière blanche; mais, comme elles diffèrent dans leurs masses, leurs volumes, et peut-être leurs vitesses, elles éprouvent, au voisinage des corps constitués auprès desquels elles passent, des déviations dans leur marche qui diffèrent aussi entre elles et sont la conséquence des perturbations que ces corps font éprouver aux éléments des courbes du second degré qu'elles décrivent. Les diverses agrégations, appartenant à chaque série, tendent donc à se séparer les unes des autres, se grouper et voyager ensemble dans une direction différente de celle qu'elles suivaient auparavant; et de là résulte, tout naturellement, l'explication de la réfraction, de la dispersion et de la diffraction des rayons lumineux, ainsi que les impressions que ces agrégations nous font éprouver lorsqu'elles arrivent séparées à nos yeux, impressions que nous traduisons par le sentiment qui nous fait apprécier les diverses couleurs du spectre.

V.

L'étude des divers éléments qui concourent à la formation des corps, en les considérant comme constitués dans ces conditions et circonscrits dans des ellipsoïdes à trois axes, devient intéressante au plus haut degré, particulièrement sous le rapport de la constitution moléculaire des corps; ainsi l'on comprend que les molécules qui produisent sur nos sens l'impression de la lumière ou de la chaleur, peuvent être déviées plus ou moins de leur marche, suivant qu'elles passent dans la direction, et près des pôles des différents axes des agrégations, dont l'ensemble de tous les éléments groupés symétriquement constitue un cristal; et l'on voit apparaître ici un nouvel ordre de faits qui se lie intimement aux phénomènes de la réfraction multiple, aux ingénieuses combinaisons sur les corps cristallisés dont les beaux travaux de M. Gaudin sont depuis si longtemps l'objet, aux observations si intéressantes qu'a faites M. de Sénarmont avec tant de talent, de tact et de science, sur la différence de dilatation des axes d'un cristal à réflexion multiple, lorsqu'on fait varier sa température; et enfin à la sublime conception que notre célèbre compatriote, le grand et immortel Biot a consignée, bien peu de temps avant que la science et ses amis eussent le malheur de le perdre, dans son *Introduction aux recherches de mécanique chimique dans lesquelles la lumière polarisée est employée auxiliairement comme réactif!*

Lorsqu'on se demande, en vertu de quelles lois, comment et de quelle manière ont pu se former toutes choses qui sont le produit des diverses combinaisons de la matière créée par Dieu, on en revient toujours au texte de la Genèse qui décrit, sous le nom de Chaos, l'état dans lequel se trouvait la matière lorsque ses diverses parties n'exerçaient aucune action les unes sur les autres.

D'autre part, Newton a dit que les diverses parties d'un système de corps placés à distance les uns des autres, soumises à leurs attractions réciproques et soustraites à toute autre action ou influence étrangère, se mettraient en mouvement en décrivant des trajectoires elliptiques, dont le centre coïnciderait avec le centre de gravité de la masse; et qu'après un temps indéfini, dont la durée serait mesurée par les conditions qui règlent le mode d'existence et la nature des mouvements de ces corps, il arriverait une époque où toutes les parties qui composent le système viendraient se replacer au repos aux divers points de l'espace, d'où elles étaient parties à l'origine de leur mouvement.

Or, il en doit être nécessairement ainsi de l'univers entier et de chacun de ses éléments en particulier; et les diverses parties de la matière qui le composent doivent, après avoir épuisé tous les modes d'assemblages qui résultent de leurs actions réciproques en suivant la marche que la volonté immuable de Dieu leur a tracée, donner successivement naissance à toutes les combinaisons qui ont fourni les diverses phases de la création à l'une desquelles répond l'état actuel des choses dont nous faisons partie, et enfin être ramenées à leurs positions primitives et au repos, pour de là recommencer de nouvelles oscillations se prolongeant et se perpétuant indéfiniment dans l'infini du temps et de l'espace.

D'après la marche que j'ai suivie jusqu'ici, en me basant sur des données arbitraires, il est vrai, mais sans jamais m'écarter en aucun point du mode sous lequel les plus célèbres physiciens de notre époque, et de celle qui l'ont précédée, ont compris la matière et les immuables lois qui régissent ses mouvements, tout géomètre possédant suffisamment l'esprit de l'analyse transcendante, aperçoit facilement la possibilité d'exprimer par des équations différentielles les conditions des divers mou-

vements des molécules matérielles, comme étant les résultats
et les conséquences de l'observation des faits et des phénomènes
naturels qui chaque jour et à chaque instant se présentent aux
investigations des hommes sérieux et réfléchis! L'intégration
de ces diverses fonctions pourrait, sans aucun doute, amener,
dans bien des cas, les physiciens et les géomètres à déterminer
quelles sont les conditions d'existence, et les actions que doivent
exercer les molécules matérielles les unes sur les autres, pour
qu'il en résulte des assemblages et des combinaisons dont l'ensemble constitue certaines apparences qui, dans la création,
apparaissent comme les plus fortuites et les plus inexplicables,
ainsi que les diverses manifestations du mouvement, ou de la
force, qui sont la suite et les conséquences des lois qui régissent la matière. Mais on sait dans quelles étroites limites se
trouve resserrée la puissance des grands géomètres qui honorent notre époque pour intégrer les fonctions différentielles
d'un ordre un peu élevé, surtout lorsque, comme c'est ici le
cas, elles dépendent d'un grand nombre de variables indépendantes, ou liées entre elles par des conditions difficiles à assi-
gner, qui augmentent la difficulté de les exprimer par des quantités finies ou par des suites plus ou moins susceptibles de
sommation. C'est en vain que l'on objecterait que la mécanique
céleste n'étant pas assez avancée pour résoudre les difficultés
qui se rattachent à la solution de ces difficiles questions, il est
plus sage d'en ajourner la recherche jusqu'au moment où cette
science sera assez avancée pour permettre de se prononcer sur
le mode d'existence des phénomènes dont les causes restent
cachées à nos yeux; car il est à remarquer que l'exactitude
portée à l'extrême, qui est la conséquence de ces hauts et
sublimes calculs, n'est heureusement, ici, ni indispensable
ni même nécessaire, comme lorsqu'il s'agit de déterminer
un grand nombre de siècles à l'avance, et à quelques fractions
de secondes près, les phénomènes astronomiques qui doivent
s'opérer dans les temps les plus reculés, ou bien les éclipses
de soleil, dont les manifestations se sont opérées, à des époques dont nous sommes déjà séparés par des intervalles de
deux ou trois mille ans! et l'on doit bien se tenir en garde, si l'on
veut atteindre le but qu'on se propose dans ces sortes de recherches, de faire parade d'une érudition ridicule et superflue, en éta-
blissant de longues et fastidieuses formules, que l'on réalise
ensuite en portant les approximations à des cent-millièmes ou

même à des millionièmes. Il suffit, lorsqu'on traite de pareilles questions, de se borner à les élucider au moyen d'une synthèse basée sur une saine logique appuyée par des raisonnements simples et des calculs aisés à exécuter, susceptibles de pouvoir être compris facilement et appréciés, par tous ceux qui possèdent les plus simples éléments des sciences mathématiques. Les auteurs, cependant, qui cherchent à nous déployer, avec tant d'aplomb et d'assurance une si vaine et si inutile érudition, tombent dans d'étranges erreurs lorsqu'ils s'imaginent, qu'en supposant même que leurs calculs fussent basés sur des erreurs ou sur des suppositions gratuites, on pourrait y substituer, plus tard, des éléments plus certains que la science pourrait faire découvrir. Mais il est bien évident qu'il ne viendra jamais à l'idée de quelqu'un, quelque infime que soit la position qu'il occupe dans la science, de venir se rattacher, pour en faire usage, à des calculs et des formules destinés à être ensevelis avec leurs auteurs dans le plus profond oubli ; calculs et formules que chacun de ceux, dont les importants travaux auront abouti à résoudre ces difficiles et délicates questions, sauront bien eux-mêmes exécuter, sans avoir besoin pour cela d'avoir recours à qui que ce soit ! La loi des fonctions circulaires, qui exprime les distances réelles des corps en fonction de la longueur de l'arc qu'ils ont parcouru et par suite l'action directe qu'ils exercent les uns sur les autres, suffit ordinairement pour en faire tous les frais et je ne pense pas qu'il puisse jamais être venu à la pensée d'aucune personne sensée l'idée de se faire un mérite de posséder des connaissances aussi triviales. Il résulte cependant de cette passion malheureuse de vouloir tout exprimer et représenter par des formules, que lorsque les bases sur lesquelles sont étayés ces calculs ne sont pas établies, comme le fait de l'attraction, sur des bases solides et inébranlables, mais bien sur des suppositions arbitraires et des erreurs aussi palpables que l'est, par exemple, celle du mythe de l'éther et le système des ondulations qui en est la conséquence, il arrive que la science entre dans une ornière, qui l'amène à suivre une marche vicieuse dont elle ne peut plus sortir. Cette impulsion lui est souvent donnée par des hommes doués au plus haut degré d'un mérite et d'un talent incontestables, mais qui cependant avaient commis la faute grave de s'engager trop légèrement, et sans s'inquiéter assez où elle devait les conduire, dans une marche vicieuse qui donne à ces erreurs une consistance qui croît avec le temps et le talent des hommes supérieurs qui, trompés par les mêmes apparences, viennent aussi quelquefois plus tard s'y rattacher ; résultats déplorables qui ont pour effet d'enchaîner de plus en plus la science à l'erreur, et de donner aux fausses idées une telle consistance qu'il n'est plus possible ensuite de les déraciner parce qu'elles passent alors comme article de foi dans l'enseignement.

VI.

Si l'on considère, en particulier, une agrégation de molécules d'un ordre quelconque telle que la nébuleuse à laquelle nous appartenons, le système du soleil, tout comme le plus petit cristal que nos yeux puissent apercevoir, ou dont notre imagination puisse se faire une idée, on arrivera bien vite à reconnaître que le mode d'existence de tous ces corps est constaté par la somme des molécules matérielles qui concourent à leur formation, multipliées respectivement par le carré des vitesses dont chacune d'elles est animée.

Des deux attributions : la matière et le mouvement, qui constituent l'existence de tous les êtres considérés collectivement, la matière, par elle-même, est immuable et inerte ; mais le mouvement qui modifie profondément l'existence de cette matière dont j'ai discuté longuement l'origine dans un autre mémoire, peut se traduire par une foule de manifestations diverses dont une partie seulement nous est connue, l'autre restant encore cachée à nos regards malgré tous les efforts que font les savants de nos jours pour chercher à soulever le voile qui nous en cache la connaissance. Or, la somme de toutes ces manifestations, comme l'a exprimé si judicieusement M. Grove avec tant de tact et tant de jugement, est corrélative de la quantité de force ou de mouvement qui entre comme partie intégrante dans l'existence de tous ces corps.

La transformation la plus ordinaire sous laquelle se manifeste le mouvement des molécules, ou les agrégations de ces molécules dont l'ensemble constitue les corps à divers états, est celle qui a pour résultat de transformer la force ou le mouvement en chaleur. Cette transformation est évidemment le résultat de l'émission d'une grande quantité de molécules, formant partie du corps lui-même et animées d'une vitesse relativement peu considérable.

Ce phénomène est tellement commun, tellement apparent à tous les yeux, tellement aisé à constater par les observations les plus simples, les plus faciles et les plus triviales, que l'on est toujours disposé à croire que cette transformation en chaleur est la seule dont soit susceptible le mouvement et réciproquement. Mais, avec un peu d'attention, on s'apercevra bien vite qu'il en est encore plusieurs que l'observation a fait reconnaître, et probablement encore beaucoup d'autres dont jusqu'ici on n'a pas pu se rendre compte; mais que des travaux, suivis avec plus de soins, de persévérance et d'attention pourront plus tard, peut-être, parvenir à faire découvrir.

La transformation qui succède immédiatement à la conversion de la force en chaleur lorsque, par suite de la décomposition d'un corps qui se désorganise, les molécules qui le composent s'échappent dans toutes les directions, est celle de la transformation de la chaleur en lumière qui embrasse tout le cortège des phénomènes de l'optique, qui se manifestent alors à nos yeux. Dans d'autres circonstances, au contraire, la production de lumière a lieu d'une manière subite et instantanée, accompagnée ou non de chaleur ; ces deux phénomènes, du reste, mêlés et confondus, paraissent n'en faire qu'un seul et ne différer l'un de l'autre que par le nombre et la vitesse des molécules émises, qui produisent tantôt la chaleur, tantôt la lumière, tantôt l'une et l'autre en même temps, suivant la vitesse dont chacune d'elles est animée. La lumière, tout comme la chaleur, doit donc donner lieu à une manifestation de force et c'est ce qui vient effectivement d'être mis au jour par les expériences de M. Charles Musset qui a constaté que la lumière faisait sensiblement dévier l'aiguille aimantée.

Une autre manifestation, non moins importante du mouvement des molécules matérielles, est celle qui donne lieu à l'ensemble des phénomènes électriques et magnétiques. Les effets, qui sont la conséquence de ce mode de transformation, diffèrent de ceux qui se traduisent par la conversion du mouvement en chaleur et en lumière, en ce que, dans ces deux derniers cas, les molécules ou leurs agrégations, liées auparavant entre elles par des forces dérivant soit directement soit indirectement de l'attraction Newtonienne et qui se faisaient respectivement équilibre, abandonnent le corps qui se trouvait auparavant constitué par leur assemblage et s'échappent par la tangente, en s'éloignant continuellement en ligne droite de ce corps dans toutes les directions. Dans les phénomènes électriques et magnétiques, au contraire, les molécules, après s'être détachées du corps par suite d'une variation dans l'intensité des forces qui maintenaient l'équilibre des molécules, et avoir rendu l'une de ces forces prépondérante sur l'autre, au lieu de s'éloigner du corps, restent soumises à l'empire que ce corps continue à exercer sur elles, en accomplissant autour de son centre de gravité, suivant les lois de Kepler, des courbes du second degré.

Il est enfin d'autres manifestations de la force comme, entrevue ou inconnue encore, dont une partie consiste dans cette action non encore définie qui favorise les réactions chimiques, et tous les phénomènes qui se rapportent aux rayons obscurs qui dépassent les limites visibles du spectre, dont une partie reste encore inexplorée.

Si l'on représente par U la quantité de mouvement qui forme l'une des parties intégrantes de l'existence d'une masse matérielle quelconque, et que les diverses manifestations sous lesquelles peut se traduire ce mouvement, soient exprimées respectivement par x pour la chaleur, y pour la lumière, z pour l'électricité, l'effet chimique par t; que, d'autre part, la loi d'accroissement de chacune de ces fonctions partielles soit caractérisée par les exposants $m\ n\ o\ p$, l'équation différentielle $v = F(x^m + y^n + z^o + t^p + x)$ exprimera les rapports qui existent entre ces diverses quantités.

On doit donc regarder comme incomplète, et n'exprimant qu'une partie des phénomènes, l'expression d'*équivalent mécanique de la chaleur*, qui est devenue en si grande vogue aujourd'hui; puisque cette expression ne représente qu'une fraction seulement de la transformation de la force, et qu'il est d'autres termes tous caractérisés par des lois d'accroissement différentes qui leur sont particulières, et qui concourent, au même titre que la chaleur, à représenter une partie du mouvement dont le corps est animé. Il faut convenir, cependant, que la conversion de la force ou mouvement en chaleur, ou bien que la fonction partielle x est celle dont la valeur, dans la plupart des cas, domine et efface toutes les autres. Et il est à remarquer que ces cas sont précisément ceux sur lesquels les auteurs qui se sont adonnés à élucider ces questions, ont porté de préférence leur attention; mais les autres quantités qui entrent dans l'expression générale de la valeur de v, n'en existent pas moins; et il est des cas où la transformation de la force s'opère quelquefois presque exclusivement par sa conversion en électricité, puisqu'on a proposé, dans certains cas, d'utiliser tout le mouvement interne d'un corps provenant de sa décomposition par des réactions chimiques, et que l'on peut très-bien admettre que cette désagrégation se traduise entièrement en lumière ou autres manifestations inconnues dont l'existence jusqu'ici est seulement soupçonnée, mais non encore suffisamment constatée.

On voit d'autre part que les quantités x, y, z, t, n'ont entre elles aucun lien, aucun rapport susceptible d'être connu et apprécié par les moyens que la science possède, non plus que les exposants m, n, o, p, qui sont des fonctions de variables qui nous sont entièrement inconnues, tout comme les liens qui peuvent les unir entre elles.

VII.

Il serait donc aussi inutile que superflu de chercher à exprimer par des formules, les effets qui accompagnent les phénomènes de la transformation de la force ou mouvement, en chaleur, lumière, électricité, etc., et réciproquement. Le déplacement de cette érudition n'amènerait aucun résultat utile à la science et à la pratique, et l'on retomberait dans les erreurs des grands géomètres qui n'ayant pas assis leurs calculs sur des bases assez solides et assez bien établies, lorsqu'ils ont voulu donner des formules pour déterminer et prévoir les diverses circonstances qui accompagnent les phénomènes de la capillarité, des réfractions astronomiques, des phénomènes cométaires, des lois qui régissent le mouvement des machines en usage dans l'industrie, et de la dilatation des corps en fonction de leur température, sont arrivés à des résultats dont la science, chaque jour, vient nous révéler l'insuffisance ou la fausseté. Car, autant ces savants se sont montrés sublimes lorsqu'il s'est agi de déterminer, avec tant de justesse et de précision, les questions se rapportant à la solution des problèmes les plus ardus de la mécanique céleste, qui soumis aux seules et immuables lois de l'attraction, échappent, par cela même à toute influence étrangère; autant leurs grands travaux ont été inutiles, vains et stériles, lorsqu'ils ont voulu descendre dans les détails de questions dont la solution se trouvait liée à une foule de circonstances particulières, représentées par des constantes arbitraires qu'il était impossible de faire entrer dans les équations, même souvent de prévoir l'existence, et dont l'absence cependant viciait tous les résultats.

Il est donc plus sage et plus rationnel, au lieu de développer une érudition superflue et inutile en pareille matière, de se borner à élucider synthétiquement les questions qui se rattachent à la solution de ces difficiles problèmes par des raisonnements simples, faciles et appréciables, même pour les esprits étrangers aux sciences exactes, mais doués, souvent au plus haut degré des facultés les plus élevées, et qui éprouvent un sentiment instinctif de répulsion qui les éloigne de la recherche de la vérité, toutes les fois qu'elle leur est présentée avec cet appareil de formules et ce cortége d'emblèmes algébriques qui sont l'apanage d'une nature tout à fait exceptionnelle, indépendante de la justesse de l'esprit et de la sûreté du jugement. Il est plus sage enfin d'attendre que les circonstances qui accompagnent les phénomènes étudiés d'une manière plus complète, permettent de prévoir et calculer les résultats avec quelque exactitude, et plus de chances de succès pour arriver à leur véritable application.

Les molécules matérielles se trouvant à des distances les unes des autres mathématiquement égales à l'origine du temps, au moment où, commençant à obéir à leurs actions réciproques, elles se sont mises en mouvement pour se grouper vers leur centre de gravité respectif, ont dû voyager ensemble et produire des effets identiques partout où elles exerçaient leurs actions. Il en est résulté des combinaisons primitives similaires qui, en s'unissant entre elles sous l'empire des mêmes lois, ont donné naissance à des assemblages analogues aux cristaux dont une observation attentive nous a permis de découvrir la régularité des formes, les propriétés et même, dans quelques cas, de déterminer les lois qui avaient présidé à la constitution de certains d'entre eux. Mais, ainsi que je l'ai déjà fait remarquer, à mesure que les molécules se sont mises en mouvement pour se grouper autour de leurs divers centres d'action, les distances qui les séparaient ont éprouvé des variations dépendantes de la position qu'occupaient dans l'espace ces divers centres d'action; en sorte que l'existence des agrégations secondaires a été caractérisée par des différences qui en ont introduit à leur tour d'ana logues dans les agrégations formant les assemblages qui résultent de leurs combinaisons. Ce sont ces agrégations, différant entre elles par leurs volumes, leurs masses, leurs formes, la quantité de mouvement dont elles sont animées, qui produisent sur nos sens les effets variés que l'observation a fait reconnaître dans les phénomènes de l'optique, et en général de tous ceux qui se rapportent aux diverses actions que les corps exercent les uns sur les autres, ainsi que les autres phénomènes qui résultent de leurs combinaisons entre eux.

Dans les précédents mémoires que j'ai lus il y a quelques années à l'Académie, j'ai expliqué quelles étaient les causes qui présidaient à la formation des corps à divers états; j'ai fait voir que des corps solides, se combinant sous l'empire de ces diverses lois, il en était résulté des cristaux dont toutes les parties apparentes et appréciables à nos observations, telles que leurs dimensions, leur structure, la quantité de mouvement inhérente à chacun d'eux, conservaient des formes stables tant que l'équilibre, qui entretenait les conditions d'existence de leurs diverses parties, n'était pas rompu. J'ai signalé, comme l'une des conséquences de la loi de l'attraction, une action particulière des molécules matérielles les unes sur les autres, à laquelle j'ai donné le nom de *distension*, et j'ai démontré qu'il résultait de cette action que, lorsque des molécules se trouvaient en présence les unes des autres maintenues en repos par des forces qui se faisaient respectivement équilibre, cet équilibre se trouvait troublé par le passage d'autres molécules qui, lorsqu'elles venaient à traverser leur système, avaient pour résultat d'écarter les unes des autres, dans le sens de leur mouvement, les molécules qui constituaient le système en repos.

Mon Mémoire sur l'origine et la propagation de la force, que j'ai publié en 1857, chez Bachelier, définit exactement les causes, les effets et les résultats de la distension; j'ai fait voir que cette loi, conjointement avec celle de l'attraction, remplit, eu égard aux molécules, le même rôle que la force centrifuge pour maintenir et régler le mouvement des astres aux distances respectives d'où dépendent les conditions d'existence et la stabilité de l'univers. Mais l'attraction, pour des masses égales et semblables, croît en raison inverse du carré des distances, et j'ai démontré dans mes mémoires précités que la distension, au contraire, qui agit en sens opposé, tend à écarter les molécules les unes des autres suivant une loi qui croît plus rapidement que l'attraction à mesure que les distances diminuent, d'où il suit qu'il existe nécessairement une distance minimum, en fonction de ces diverses conditions, à laquelle les molécules matérielles soumises à l'action de ces forces se font respectivement équilibre, en sorte qu'il résulte de l'accomplissement de ces conditions, que les positions respectives qu'occupent ces molécules restent, entre certaines limites, dans un état d'équilibre qui les maintient au repos, tant que les conditions susceptibles de faire varier leurs distances ne changent pas. Deux molécules, par conséquent, considérées isolément dans l'espace, et soumises à l'action d'autres molécules qui exercent leur action sur elles, conservent des positions et des distances, qui varient avec le nombre, la direction, la vitesse des molécules errantes qui traversent leur système.

Si, au lieu de deux molécules, on en considère trois ou un plus grand nombre dans les mêmes circonstances et assujetties aux mêmes lois, la considération des actions qui seront les conséquences de ces lois, amèneront à reconnaître que ces molécules se placeront régulièrement et symétriquement à la même distance les unes des autres, et lorsque le nombre en sera arrivé à treize, douze d'entre elles se trouveront occuper les sommets des douze angles d'un cubo-octaèdre régulier dont la treizième molécule occupera le centre. Passé ce nombre, les molécules qui se trouvent dans la sphère d'attraction sensible de cette première agrégation, viennent s'ajouter, ainsi que je l'ai démontré dans mes précédents mémoires, à la suite les unes des autres, en longues files d'une longueur indéfinie, dans la direction des trois premières molécules formant un des six axes qui se coupent réciproquement dans tous les sens, sous des angles de 60°, en passant par la molécule centrale du cubo-octaèdre.

Passé une certaine limite, et lorsque les molécules qui composent ces files n'éprouvent plus qu'une action insensible de la part des autres molécules composant le reste de l'agrégation, chacune des molécules placée à la même distance du centre appartenant à l'une de ces douze files qui rayonnent à partir du noyau, devient alors elle-même à son tour un centre d'action d'où partent douze autres files parallèles aux premières, et qui, en se rencontrant, forment des centres d'action d'un ordre de plus en plus élevé dont l'ensemble constitue des cristaux de divers ordres croissant ainsi par superposition, doués chacun de propriétés physiques relatives à leurs diverses conditions d'existence.

Ces diverses combinaisons, susceptibles, comme l'on voit, de croître par voie de superposition, ne jouissent pas, comme le cube, de la propriété de s'unir les unes aux autres par leurs faces semblables, de manière à former un ensemble continu, dont tous les éléments se trouvent régulièrement et symétriquement distribués dans l'espace à égale distance les uns des autres. La réunion de ces agrégations en proportions définies donne ensuite naissance aux cristaux qui constituent les différents corps, et l'on peut conjecturer que le mode d'assemblage et de superposition de ces divers éléments, dont la réunion constitue des agrégations analogues aux substances cristallisées solides, et dont la science a constaté les formes et les propriétés, détermine aussi dans leur constitution intime des espèces de solutions de continuité, simulant ces nappes que l'on observe d'une manière si tranchée dans certains cristaux, comme le spath d'Islande, le mica, etc.; toutes circonstances qui influent aussi probablement d'une manière puissante sur les propriétés physiques des axes optiques des cristaux doués de la réfraction multiple et du sens suivant lequel s'opère le clivage des divers éléments qui les constituent.

Chacune des agrégations dont la réunion forme les corps constitués peut être formée, soit par des molécules maintenues au repos par les lois de l'attraction et de la distension qui se font alors respectivement équilibre, soit animées de grandes vitesses représentant la quantité de mouvement qu'elles ont acquise en obéissant à leurs attractions réciproques et représentant l'espace qu'elles ont parcouru pour parvenir du lieu qu'elles occupaient primitivement, lorsqu'elles se trouvaient à l'état de repos, jusqu'à celui où on les considère. Cette vitesse remplace alors la distension dans chaque système isolé ou cristal, ce qui assimile ces systèmes aux mêmes conditions de formation et d'existence que les univers qui peuplent l'espace, conditions d'où sont résultées les vitesses des différents corps célestes qui se trouvent maintenus autour de leurs centres d'action respectifs en vertu de ces mêmes vitesses.

VIII.

Les molécules libres ou déjà réunies entre elles par un commencement d'agrégation, venant par torrents de tous les points de l'univers pour affluer au centre de gravité, ne sont probablement pas de nature à produire sur nos sens aucune impression appréciable. Ces agrégations dilatent et finissent par distendre les corps solides, liquides ou gazeux, qui se rencontrent sur leur passage, particulièrement ceux qui forment la substance du soleil, et déterminent ces corps à se diffuser dans l'espace suivant toutes les directions.

Séparées du soleil, ces agrégations, qui se trouvaient déjà constituées régulièrement et symétriquement, ou qui se réunissent en voyageant parallèlement ensemble, exercent les unes sur les autres des actions qui font varier leurs masses, la distance des éléments qui concourent à leur formation, la quantité de mouvement inhérente à leur constitution physique, conditions analogues à celles où se trouvent des substances dissoutes dans un liquide lorsqu'elles réagissent les unes sur les autres pour former des précipités solides. Toutes les agrégations de molécules, déjà constituées sous l'empire de ces diverses lois, atteignent, mêlées et confondues, les corps qui se trouvent placés dans la sphère d'attraction du soleil et font éprouver à nos yeux la sensation de la lumière blanche, telle que nous l'apprécions lorsqu'elle nous arrive directement de cet astre.

Mais ces divers corps, dont la réunion forme un faisceau homogène, différant entre eux par leur constitution physique, produisent sur nos sens, lorsqu'ils sont isolés, des impressions diverses que nous traduisons par la sensation des diverses couleurs du spectre. Or cette division s'opère naturellement par suite de l'action différente qu'éprouve chacun des éléments dont est formé le faisceau lumineux, jouissant de caractères particuliers et de propriétés différentes, lorsqu'ils pénètrent dans l'intérieur d'autres corps solides qui se trouvent sur leur passage ou auprès desquels ils passent.

Les masses ainsi que la vitesse des divers assemblages qui constituent tous les résultats de la création, étant susceptibles de varier, et pouvant être déterminées arbitrairement dans de larges limites, les principes de la mécanique céleste permettront de déterminer quelles sont les conditions dans lesquelles doivent se trouver ces divers éléments, pour qu'il résulte de leurs actions réciproques des déviations sur chacun d'eux, telles qu'on les observe dans les phénomènes de la réflexion, de la réfraction, les bandes de diffraction, les anneaux colorés, les lemniscates, les cercles concentriques que l'on obtient lorsqu'on fait passer un rayon de lumière réfractée, réfléchie ou non, à travers des ouvertures ou des fentes très-étroites, les stratifications que l'on observe en faisant passer de puissants courants électriques déterminés par l'emploi des bobines de Ruhmkorff, dans des gaz très-raréfiés, etc. Enfin, l'anneau magnétique, la lumière zodiacale, les aérolites, les étoiles filantes, qui présentent probablement aux habitants des autres planètes qui environnent le soleil un aspect et des apparences analogues à celles que nous fait éprouver à nous-mêmes l'anneau de Saturne.

Il faut, si l'on veut bien se rendre compte des actions qu'exercent les assemblages ou agrégations de molécules matérielles les unes sur les autres en vertu de l'attraction et de la distension qui régissent tous leurs mouvements, examiner attentivement quels sont individuellement les résultats de ces diverses actions. N'ayant d'autres notions sur la nature et les autres attributs de la matière, que celles qui nous sont indiquées par la manière dont elle affecte nos sens, c'est à cela seul que se trouvent bornées nos investigations sur son mode d'existence. Or, ceci nous amène tout naturellement comme Faraday et Cauchy y ont été conduits, à considérer la molécule comme dépouillée de toute existence matérielle et réduite à un simple centre d'action sans dimensions, lequel centre d'action exerce sur tous les autres centres pareils, dans la sphère d'attraction sensible desquels il se trouve placé, une action en raison inverse du carré de la distance qui le sépare d'eux.

Le plus simple et le plus élémentaire de ces modes d'action est celui qui s'exerce entre deux molécules que l'on considère comme isolées dans l'espace et soustraites à toute action ou influence étrangère autre que celle qui résulte de l'action de ces deux molécules entre elles; ce mode d'action est de même nature, assujetti aux mêmes lois, et remplace l'attraction que les corps célestes exercent les uns sur les autres, lorsqu'on considère leurs masses respectives comme concentrées à leurs centres de gravité respectifs.

Si l'on passe de là à l'examen des actions individuelles que chaque molécule en particulier exerce sur toutes les autres molécules qui composent l'agrégation dont elle fait elle-même partie, on rentrera dans le cas des perturbations que les corps célestes exercent les uns sur les autres; et si la science parvient jamais à intégrer les équations différentielles qui expriment, à un moment donné, les diverses actions de ces molécules ou des corps formés par leur réunion, on pourra calculer, en fonctions des temps écoulés, quelles sont les positions qu'occupe chacune de ces molécules dans l'espace.

Viennent enfin les actions que les corps constitués par des assemblages ou agrégations de molécules exercent les unes sur les autres en considérant ces actions comme si les masses entières de chacun de ces corps étaient concentrées à leurs centres de gravité respectifs ; et ici encore nous nous retrouvons dans un cas analogue à celui des différents systèmes du monde qui, disséminés dans tout l'univers comme les étoiles, peuvent, en raison des faibles distances qui les séparent des planètes dont elles sont environnées, être considérées comme un seul point attirant, relativement à l'immense éloignement auquel elles se trouvent les unes des autres.

IX

Les analogies que j'établis entre les différents modes d'action de la matière aux divers états de combinaison où elle existe dans la création, ne peuvent s'étendre cependant à l'action qu'exercent individuellement les unes sur les autres les molécules primitives, telles qu'elles sont sorties des mains du Créateur, et dont toutes les propriétés identiques constituent un état unique de simplicité absolue.

L'égalité mathématique, dans toutes les conditions d'existence de ces corps, émanant directement des mains de Dieu, détermine chez eux des mouvements et des actions respectives, conséquences nécessaires de ces attributs. Il en résulte des positions ou fixes et stables, ou assujetties à des mouvements maintenus entre des limites de maxima et de minima, qui s'exécutent sur d'immenses échelles dans des conditions d'égalité dont rien ne peut nous donner l'idée, et sans que nous puissions démontrer que ces positions n'existent pas ailleurs dans les combinaisons subséquentes entre les diverses parties de la matière. Il nous manque dès lors, dans ces comparaisons puisées dans l'infiniment petit comparé à l'infiniment grand, un terme servant de passage entre les combinaisons soumises à toutes les conditions que comporte avec elle l'exactitude mathématique, et celles qui sont le résultat de corps hétérogènes dans lesquels les mouvements ne peuvent être considérés que dans des limites approximatives toujours plus ou moins dépourvues d'exactitude.

Mais les résultats de ces diverses actions, quoique dus à une seule et même cause, déterminent dans les mouvements et dans la marche des molécules matérielles soumises à leur empire, des différences analogues à celles qu'éprouvent les corps célestes, dont l'ensemble constitue les divers systèmes du monde qui peuplent l'univers.

On sait, en effet, que ces diverses causes peuvent agir conjointement ou séparément de manière à ce que l'un des effets qu'elles produisent, domine tous les autres, comme s'ils n'existaient pas, dans les limites toutefois entre lesquelles la science actuelle nous permet d'étendre nos observations. C'est ainsi que la terre, par suite de l'action que le système entier du soleil exerce sur elle, accomplit sa révolution annuelle autour de cet astre dans un espace de temps que l'on peut presque considérer comme constant ; mais cependant, sa marche et les positions qu'elle occupe successivement dans l'espace, sont loin de pouvoir être considérées comme douées de la même régularité ; et l'on sait quelle action puissante les perturbations qu'elle éprouve de la part de la lune, son satellite, et des autres planètes qui forment le cortége du soleil, exercent sur la trajectoire qu'elle décrit pour modifier la régularité de sa marche. D'autre part la forme elliptique de la terre, aplatie vers ses deux pôles, suite de son mouvement diurne de rotation sur elle-même, ainsi que la différence dans la densité des couches dont elle est formée qui augmente à mesure que l'on pénètre de plus en plus dans son intérieur, ne permettent pas de considérer l'action qu'elle exerce sur les autres corps dont elle est environnée comme si sa masse entière était concentrée en un seul point à son centre de gravité. Ces diverses causes, minimes en apparence, finissent cependant en s'accumulant pendant les siècles, par produire des effets qui se manifestent par des perturbations telles que la variation dans l'inclinaison de l'écliptique sur l'équateur, le mouvement rétrograde des nœuds ou points vers lesquels se coupent les plans dans lesquels s'exécutent fictivement ces divers mouvements, ainsi que la variation du grand axe de l'ellipse, que la terre décrit annuellement dans l'espace pendant sa révolution autour du soleil. Viennent ensuite des effets secondaires comme conséquence ou non de ces grands mouvements, tels que les marées produites par la différence d'attraction que la lune et le soleil exercent sur les diverses parties de la terre, en fonction de la distance variable qui les sépare de ces astres. Nous citerons encore les variations des éléments elliptiques que décrivent les molécules matérielles qui constituent l'anneau magnétique, dont l'observation n'a appris encore à connaître que bien imparfaitement les limites de l'intensité, l'étendue, la direction et les autres conditions d'existence, ainsi que les résultats qui en sont les conséquences, l'inégale répartition de la chaleur sur les deux hémisphères terrestres, qui résulte de la variation des éléments des courbes du second degré que décrivent le soleil et la terre, et rend alternativement prépondérante, l'action de cet astre sur l'une ou l'autre de ces hémisphères, d'où résulte une variation dans la masse des glaces qui encombrent les pôles, et par suite une variation dans la position du centre de gravité de la terre qui détermine l'apparition de nouveaux continents ensevelis jusque-là sous les eaux, tandis que d'autres se trouvent submergés.

Or tous ces effets, produits sur une si vaste échelle, dus à la seule et unique cause de l'attraction universelle ont également lieu et avec toutes leurs conséquences, comme l'a fait si judicieusement observer M. Biot, dans les cristaux ou agrégations primitives les plus élémentaires. Ces corps, à cet état, sont, par leur excessive ténuité, inaccessibles à toutes nos investigations. Nous ne pouvons que soupçonner leur manière d'être et leurs propriétés au moyen de conjectures plus ou moins probables dont il ne nous est jamais possible de constater l'exactitude, et c'est seulement lorsqu'ils peuvent faire diverses impressions sur nos sens par leur masse et leur étendue qu'il nous est possible de les étudier et de déterminer leur mode d'action sur les autres corps. En se basant cependant sur l'excessive ténuité et l'immense densité que j'ai attribuées dans mon grand mémoire sur la cohésion, aux molécules matérielles primitives, comme des conséquences nécessaires de l'existence de la matière, on arrive à se convaincre que le nombre de molécules qui concourent à la formation de ces cristaux élémentaires les plus inappréciables à nos observations est tellement considérable, qu'il ne peut être représenté par aucun des moyens directs dont dispose la science des nombres pour l'exprimer. La constitution de pareils corps se rapproche donc infiniment de celle des agglomérations plus considérables de matière comme la terre et les systèmes stellaires dont les dimensions sont plus en rapport avec les organes que nous avons reçus de Dieu pour les apprécier. Mais les lois qu'il a établies pour régir la matière n'en reçoivent pas moins leur

exécution jusqu'aux dernières limites de la création ; et la seule
différence que l'on puisse remarquer entre les résultats du mode
d'action que les molécules matérielles exercent réciproquement
les unes sur les autres à ces divers états, c'est que les agrégations
ou combinaisons de la matière sont d'autant plus simples, plus
symétriques et plus régulières que l'on se rapproche d'avantage
de l'unité de nature d'action et de similitude de position que
comporte avec elle la molécule élémentaire. En effet, cette régularité que nos sens et nos observations nous font apercevoir et
constater avec une grande régularité dans les plus petits cristaux qu'il nous est possible de soumettre à nos investigations,
ne se montre plus que d'une manière confuse lorsque les corps
ont atteint une certaine étendue et des proportions considérables;
et disparaît totalement, du moins dans les limites des facultés
que nous a départies le Créateur pour les apprécier et les constater, dans les grandes formations stellaires qui occupent l'espace
infini.

X

Cette constante similitude de résultats due à des causes identiques agissant toujours de la même manière ne peut être cependant
dant démontrée par aucun moyen susceptible d'en constater
mathématiquement l'exactitude matérielle d'une manière directe et absolue.

Passé une certaine limite, au delà de laquelle les phénomènes
deviennent complétement inaccessibles à tous les moyens d'inves-
tigation que nous possédons pour les constater, nous en sommes
réduits à invoquer les analogies, et ce n'est plus alors que l'induction et les comparaisons que nous pouvons établir en mettant en regard les grands phénomènes célestes régis par la loi
de l'attraction universelle dont les manifestations se produisent
à chaque instant sous nos yeux sur sa plus vaste échelle, avec
les actions cachées à nos yeux qu'exercent les uns sur les autres
des agents moléculaires qui, par leur nature, sont complétement inaccessibles à toutes nos investigations, qui peut nous
guider dans ces épineuses recherches.

On peut donc conjecturer, avec toutes les apparences de certitude auxquelles il est raisonnablement permis de pouvoir se

livrer en pareil cas, que les actions exercées par les molécules
matérielles les unes sur les autres, inappréciables à toutes nos
observations directes, sont de même nature et assujetties aux
mêmes lois que celles qui dirigent les mouvements apparents de
la matière, groupés sous toutes les formes, qu'il nous est possible
d'apprécier et de soumettre à nos observations les plus attentives.

Les effets, variables en intensité et en direction, qui résultent
de ces divers modes d'action, agissent tantôt ensemble, en se prê-
tant un mutuel secours pour arriver aux résultats qui doivent
entrer comme éléments dans la coordination des événements
dont le Créateur a tracé la marche, et tantôt isolément, ou même
en opposition les uns avec les autres, en se compensant mutuellement et en déterminant des états de choses qui présentent plus
ou moins de stabilité. Dans les corps organisés comme le sont
tous ceux qui existent à l'état solide, les derniers cristaux apparents sont maintenus dans les positions respectives qu'ils occupent par les actions composées de l'attraction et de la distension
qui se font respectivement équilibre. Cette dernière, cependant,
qui agit toujours avec une plus grande énergie à la surface des
corps, détermine continuellement une grande quantité de molécules, ou les cristaux élémentaires formés par leur réunion
qui occupent ces points, à abandonner le corps avec une plus ou
moins grande vitesse pour se répandre dans l'espace et le traverser dans tous les sens.

Cette effluve continuelle de molécules libres ou agglomérées
est ce qui constitue l'évaporation qui a lieu continuellement
d'une manière plus ou moins intense à la surface de tous les
corps sans exception.

Lorsqu'une grande quantité de molécules errantes dans l'espace auxquelles j'ai donné le nom de a, en réservant le nom
de m pour les molécules fixes et stables, viennent, en augmentant
toujours en nombre et en vitesse, à traverser un corps constitué,
elles ont pour résultat d'augmenter les distances qui séparent
ces molécules ou cristaux les uns des autres et le corps augmente alors de dimensions ou se dilate.

Si cet effet est porté au point de rendre la distension tellement
prépondérante sur l'attraction, que cette dernière ne puisse plus
faire équilibre à l'autre, le corps est alors subitement désorganisé en tout ou en partie et entre en combustion, ou bien il se
désorganise en entier en faisant explosion.

Dans la combustion ordinaire la cause désorganisatrice atteint successivement toutes les parties du corps attaqué et ces parties elles-mêmes en se désagrégeant, réagissent sur celles qui les touchent immédiatement, ce qui explique comment l'approche d'un corps incandescent détermine l'inflammation de ceux avec lesquels il se trouve en contact. Si le corps par sa nature est susceptible d'être promptement désorganisé, que ses principes constituants soient très-faibles, qu'il soit, comme les fulminates, formé de parties simplement mélangées les unes aux autres sans aucune autre espèce de lien qui établisse et maintienne entre ses diverses parties des adhérences d'où résulte entre elles une espèce de solidarité mutuelle pour leur faire conserver leurs positions respectives, il y a alors explosion.

La désorganisation subite et instantanée des corps ou fulmination peut encore avoir lieu par suite de la division de ces corps portée à l'extrême, quelle que soit d'ailleurs la force d'adhérence qui existe entre les diverses parties qui forment leurs principes constituants.

J'ai établi, en effet, que les molécules qui concouraient dans leur ensemble à la formation des corps constitués, étaient maintenues, tout comme les éléments des systèmes planétaires, dans les positions respectives qu'elles occupaient eu égard les unes aux autres, par les lois de l'attraction et de la distension qui se faisaient réciproquement équilibre. Mais l'intensité d'action de la force attractive, qui agit pour concentrer les molécules des corps autour de leurs centres de gravité respectifs, a pour élément le nombre même de ces molécules dont l'ensemble constitue ces corps; tandis que la distension, au contraire, acquiert d'autant plus d'énergie pour les désorganiser et désagréger les diverses parties dont ils sont formés, que l'on atténue de plus en plus leurs dimensions en les divisant, en même temps que l'on augmente leur surface. Il suit de là, qu'en affaiblissant continuellement l'attraction où réside la cause de la stabilité des corps constitués, en même temps que l'on exagère la distension, il finit par y avoir perte d'équilibre entre ces deux forces; la distension devenant prépondérante, prend le dessus sur l'autre force qui lui est opposée et détermine la désorganisation entière et complète du corps dont les diverses parties se dispersent dans les espaces environnants.

La porphirisation aurait ainsi pour résultat, suivant l'opinion des médecins homœopathes, de déterminer la désorganisation complète et instantanée des diverses substances médicamenteuses dont ils font usage dans leur pratique médicale et de leur donner, à cet état, des propriétés particulières sur lesquelles reposent les fondements des vertus qu'ils attribuent aux quantités de substances infiniment petites qui, selon eux, exercent alors, dans ces conditions, des effets sensibles et appréciables.

La désorganisation des corps qui est la suite de leur extrême division et la conversion de leurs principes constituants en force et en chaleur, reçoit une de ses plus importantes applications, et devient encore plus sensible et plus apparente, dans l'acte de la nutrition qui constitue le principe de l'organisation animale et le maintien de la vie des êtres organisés. Tout le monde sait, en effet, que l'édifice de la vie animale repose tout entier sur la sanguification qui en est la plus importante, la plus essentielle et la plus indispensable des fonctions. On sait aussi que l'admirable mécanisme destiné à établir la circulation du sang réside dans les mouvements du cœur qui ont pour résultat de le faire affluer dans toutes les parties du corps. Le sang, par l'effet de la pression qu'il éprouve dans les contractions et dilatations alternatives de ce viscère, est chassé d'abord dans les plus grosses artères avec lesquelles il est immédiatement en contact ; ces vaisseaux, destinés à le contenir et à favoriser son mouvement par leur parfaite élasticité, se bifurquent en augmentant en nombre et diminuant de volume, jusqu'à devenir d'une ténuité telle qu'ils finissent par échapper complétement à tous les moyens d'observation que nous possédons pour en constater l'existence. A cet état, le sang se trouve donc dans les conditions où j'ai constaté que devait avoir lieu la désorganisation de cet élément de la vie et la dispersion de ses principes constituants sous forme de chaleur et de mouvement. Or, il me paraît visiblement impossible de pouvoir raisonnablement attribuer à aucune autre cause la production de la chaleur et de la force animale.

Dans cet acte une certaine quantité de sang est évidemment désagrégée, et les molécules qui forment ses principes constituants ou les premières combinaisons formées par ces molécules, sont ramenées à l'état libre, en conservant les vitesses intestines dont elles étaient animées, mais qui alors se trouvaient dissimulées, cachées à nos yeux et inappréciables à nos observations. Dans ces conditions, ces corps élémentaires remplissent les fonctions de transmettre le mouvement dont ils sont pourvus aux masses

plus considérables, nerfs, muscles, tendons, avec lesquels ils se
trouvent en contact et partout enfin où l'organisation animale,
tout entière, réclame le secours de ces agents pour lui apporter
le mouvement et la vie. On sait que l'existence des corps organisés est assujettie à des conditions de température restreintes
dans des limites très-resserrées, et que les animaux et les végétaux périssent également ou par une trop grande chaleur ou
par un trop grand froid incompatibles avec leurs diverses orga-
nisations ; aussi la providence divine a-t-elle pourvu largement
aux moyens de maintenir cet équilibre, en donnant à cette classe
d'êtres toute facilité de se débarrasser, par la transpiration, de
l'excès de chaleur dont sont affectés leurs organes, tout comme
elle leur a donné un mode pour réparer avec la même aisance
leurs pertes en mettant partout à leur portée des moyens d'élever au besoin leur température. L'acte de nutrition qu'opère le
sang, en cédant à l'organisation animale une partie des molécules matérielles et du mouvement qui constituent son existence, détruit nécessairement l'équilibre qui existait entre les
principes constituants de ce fluide indispensable au maintien
de la vie ; aussi cet équilibre vient-il se rétablir dans le cœur
et le poumon, où le sang, mis en contact avec les substances
propres à sa régénération, puise les moyens de continuer cet
acte indéfiniment.

Divers autres effets, quoique sous des formes différentes, sont
aussi le résultat de l'accomplissement des mêmes lois, destinées
à maintenir l'équilibre qui tend toujours à s'établir entre la
quantité de chaleur et de mouvement qui affecte tous les
corps. Ces effets, quoique produisant des résultats dont les apparences paraissent souvent différer si essentiellement les unes des
autres, se traduisent toujours en réalité par des transmissions du
mouvement entre des substances pondérables, qui, tout en se
présentant sous les aspects les plus divers, rentrent cependant
tous dans le même ordre de faits. C'est ainsi que des agrégations matérielles de divers volumes, de différentes formes, animées de différentes vitesses venant à traverser les humeurs de
l'œil parviennent à la rétine, et déterminent dans cet organe un
ensemble de conditions propres à procurer à nos yeux des sensations dont les résultats sont de nous faire apprécier les différentes couleurs du spectre. Et lorsque ces agrégations matérielles atteignent, dans leur marche, d'autres parties de l'organisation animale que les yeux, elles leur procurent les diverses

sensations que la chaleur, la lumière, l'électricité, les odeurs, les saveurs, le plaisir, la douleur font éprouver à nos autres sens.

XI

Les mêmes effets se reproduisent sur une immense échelle, lorsque des comètes viennent, en traversant les espaces, porter le trouble dans des systèmes stellaires régis d'une manière régulière sous l'empire des lois de l'attraction, soit qu'elles appartiennent à ces systèmes ou qu'elles leur soient étrangères. Ces corps errants, en parcourant les trajectoires qui sont les résultats des diverses actions auxquelles ils sont soumis, influencées par celles des différents corps célestes auprès desquels ils passent, exercent sur les divers éléments des trajectoires que parcourt chacun d'eux pendant tout le temps qu'ils se trouvent respectivement sous l'influence de leurs attractions réciproques sensibles et appréciables, des actions qui ont pour résultat de faire échange, aux dépens les uns des autres, des vitesses dont ils sont respectivement animés, sans que jamais cependant, dans aucun cas, la somme des mouvements de tous ces corps représentée par leurs masses multipliées respectivement par le carré de la vitesse dont ils sont animés, puisse éprouver la moindre variation. La masse des comètes qui ont été observées jusqu'ici s'est toujours montrée insensible et inappréciable, eu égard à celle des autres corps appartenant au système du soleil, avec lesquels on a cherché à les comparer. C'est pourquoi on n'a jamais pu constater qu'elles aient exercé la moindre action sur aucun d'eux.

Mais il n'en a pas été de même, eu égard aux comètes, de la part des différents corps soumis à l'empire du soleil : et dans plusieurs circonstances, notamment dans un cas où l'une d'entre elles a traversé le système des satellites d'une de nos plus grosses planètes, les éléments elliptiques de la trajectoire que décrivait cette comète ont été tellement bouleversés, que sa nouvelle marche s'est complétement écartée de celle qu'elle parcourait auparavant, et n'a plus eu, après ce rapprochement, aucun rapport avec l'ancienne.

Lorsque des actions analogues à celles que je viens de décrire ont lieu de la part de molécules isolées, ou bien des agrégations qu'elles forment en s'alliant entre elles, sur les plus petits cristaux constitués eux-mêmes dans des circonstances semblables, ces molécules ou leurs agrégations décrivent, de même que dans les systèmes stellaires, des courbes du second degré les unes autour des autres. Mais le nombre d'éléments qui composent ces systèmes est immensément plus grand que celui des étoiles; tout comme la disposition de leurs diverses parties est plus symétrique et plus régulière, en même temps qu'elles sont animées de vitesses variables incomparablement plus grandes. Cette quantité de mouvement, inhérente au mode d'existence de ces divers corps, est variable avec la constitution physique de chacun d'eux, soit dans le mode sous lequel les divers éléments qui les composent se sont groupés entre eux, soit dans la quantité et la direction du mouvement des diverses parties qui se sont réunies lors de leur formation pour leur donner naissance.

Comme les principes constituants de chacun de ces corps sont formés respectivement d'éléments toujours semblables, il en résulte qu'il règne entre eux une constante et parfaite régularité qui, lorsque leur existence est affectée ou modifiée par une cause quelconque, détermine des effets qui sont toujours et partout identiquement les mêmes.

Les éléments, dont l'ensemble constitue les plus petits cristaux, sont régis par les mêmes lois, et analogues en tout aux plus immenses systèmes stellaires. Ces corps sont formés par d'innombrables quantités de molécules animées d'immenses vitesses; elles sont réunies par les lois de l'attraction et maintenues à distance, tantôt en vertu des rapports qui s'établissent entre leurs vitesses tangentielles et l'attraction qu'elles exercent les unes sur les autres, et tantôt par la distension qu'exercent sur elles les molécules étrangères à leur système, que ces molécules viennent à traverser. Les diverses parties constituantes de tous ces corps exécutent leurs mouvements en décrivant des courbes du second degré, qui tantôt déterminent le cristal, à la formation duquel elles concourent, à affecter la forme sphérique, et tantôt celle de sphéroïde à plusieurs axes, en accomplissant leurs révolutions dans des ellipses dont les excentricités sont plus ou moins grandes. Ces différences, dans la constitution physique des cristaux, en introduisent d'analogues dans les diverses propriétés dont ils sont doués. L'observation basée sur les diverses propriétés qui les caractérisent, nous fait reconnaître et nous apprend à classer ces différences que la science actuelle désigne sous les noms d'état des corps solides liquides ou gazeux, cohésion, densité, porosité, opacité, diaphanéité, réflexion, réfraction simple ou multiple, polarisation circulaire ou elliptique, dispersion, etc., etc.

Les quantités de mouvement variable inhérentes à chaque système de corps, déterminent chacun des éléments, qui concourent à leur formation, à être plus ou moins accélérés ou retardés dans leur marche et à faire éprouver des variations plus ou moins grandes aux éléments des courbes du second degré que décrivent chacun d'eux, par suite d'actions produites par des causes identiques, comme par exemple la distension stellaire qui agit en traversant toute l'immensité des espaces d'une manière constante sur tous les corps en général sans distinction. Il en résulte que des causes identiques, ou pour me servir de la spécification adoptée par la science actuelle, l'action de températures égales, agissant d'une manière semblable et régulière sur ces différents corps, détermine dans leur volume et leur température des effets différents qu'elle désigne sous le nom de différence de capacité de calorique.

Le mode suivant lequel les agrégations de molécules matérielles, qui produisent les effets de la chaleur et de la lumière, traversent les différents cristaux qu'elles rencontrent sur leur passage influe aussi, comme l'a fait observer M. de Sénarmont et après lui M. Fizeau, dans le beau mémoire dont il a lu un extrait à la séance de l'Académie du 23 mars 1864, en laissant aux lecteurs des comptes rendus le regret de ne pas y trouver en entier le texte d'un aussi beau travail, a décrit d'une manière admirable les effets de la chaleur sur les cristaux à plusieurs axes. Tous ces effets sont dus évidemment au sens suivant lequel les corps matériels en mouvement, que j'ai désignés sous le nom de ρ, rencontrent sur leur passage les m ou éléments des corps constitués. On sait en effet que les comètes, lorsqu'elles viennent à traverser le système planétaire du soleil, tantôt accélèrent en retardant leur marche, et tantôt retardent en accélérant leurs vitesses les mouvements des divers corps qui accomplissent leurs révolutions autour de cet astre. Or, il en est exactement de même des divers éléments dont la réunion forme les corps constitués, et les molécules errantes ou ρ, selon le sens suivant lequel elles passent auprès d'eux, peuvent dilater et allonger les dimensions des cristaux dans le sens de l'un de leurs axes, tandis qu'ils déterminent un raccourcissement dans l'autre ainsi que l'a observé M. Fizeau avec tant de tact, de justesse, de précision et de jugement !

Il est un autre cas mixte, entre tous ceux que je viens de décrire, et qui sont le résultat des actions combinées de l'attraction, de la force centrifuge et de la distension, c'est celui de l'explosion de la larme batavique lorsque l'on vient, en brisant sa queue, à détruire l'équilibre qui existait auparavant entre ses diverses parties.

La production de la larme batavique est due, comme on le sait à une goutte de verre fondu qu'on laisse tomber dans de l'eau où, en se refroidissant subitement, elle se solidifie en prenant et conservant la forme d'une larme. Ce corps, à cet état, jouit de la singulière propriété de voler en éclats, lorsqu'on brise l'extrémité de sa queue, en projetant ses fragments à une grande distance tout autour de lui avec tant de force, que ce n'est pas sans danger pour la perte des yeux que l'on exposerait cet organe à en être atteint en en faisant imprudemment l'essai.

Ce phénomène me semble avoir de frappantes analogies avec ceux qui sont le résultat de la compression des gaz en vase clos. On sait que la force employée alors dans cet acte se divise en deux parties : l'une se transforme en chaleur, en élevant la température de la masse d'air comprimé qui devient apte à communiquer cet excédant de chaleur aux corps environnants avec lesquels il se trouve en rapport jusqu'à ce que l'équilibre qui existait auparavant se trouve rétabli entre eux ; une autre partie de la force employée à comprimer le gaz y prend une forme latente, déterminée par les relations invariables qui s'établissent alors entre sa densité et la pression qu'il exerce sur les parois des enveloppes dans lesquelles il est maintenu. A cet état la mode d'existence du gaz est modifié en ce sens, qu'il peut conserver indéfiniment et reproduire à volonté par sa dilatation, soit en mouvement, soit en chaleur, toute la partie de la force qui n'a pas été employée à élever sa température dans l'acte primitif de sa compression. La masse de verre étant mise dans l'eau, en éprouve si promptement l'impression que sa surface est subitement refroidie, à tel point qu'on peut la toucher impunément avec la main pendant que la masse intérieure, encore incandescente, éclaire d'une vive lumière les parois intérieures du vase dans lequel elle a été immergée ; dans le mode sous lequel la science envisage ce phénomène, le volume qu'occupait alors ce corps à l'état fluide et sa température étaient la conséquence de l'augmentation de chaleur qui lui avait été communiquée.

Mais, en se reportant au mode sous lequel j'envisage ces phénomènes, on voit évidemment que les résultats en étaient dus à une exagération momentanée dans le nombre et la vitesse des molécules μ émises par le brasier ardent, qui, venant traverser la masse de verre formée par des agrégations de molécules m, occasionnait dans les éléments des courbes que décrivaient ces molécules, des variations de nature à déterminer dans le corps qui les éprouvait le mode particulier d'existence propre à caractériser l'état de fluidité. A cet état la suppression de l'affluence des μ, qui se traduisait par une grande effluve calorifique, venant à être subitement anéantie par suite de l'immersion dans l'eau de la masse de verre, et les molécules matérielles dont était formé ce corps décrivant des trajectoires qui ne se prêtaient pas facilement à faire échange de leurs vitesses avec celles de ces molécules qui se trouvaient immédiatement en contact avec elles, ce qui donnait à ce corps le caractère de mauvais conducteur du calorique, il en résultait que les molécules m placées à la surface de la masse de verre éprouvaient de la part des μ en mouvement qui la traversaient une action plus intense que celles qui occupaient l'intérieur de ce corps. Cette action, considérablement affaiblie à une petite distance de cette surface, n'était pas suffisante pour faire changer complètement son mode d'existence, mais seulement le modifier, comme il arrive lorsqu'on enferme un gaz comprimé dans une enveloppe capable de résister à son action par sa rigidité et son imperméabilité.

On comprend dès lors comment les molécules intérieures de la larme batavique, faisant partie de la masse qui conservait sa forme et son volume primitifs, ne pouvant, par suite du refroidissement que ces derniers avaient éprouvé faire échange de leurs vitesses, par l'intermédiaire des μ, avec celles placées à la surface avec lesquelles elles se trouvaient immédiatement en contact; et, que ces molécules, étant rendues à la liberté par la rupture de l'enveloppe qui leur servait de prison, s'échappent, en se répandant dans l'espace, avec toute la vitesse tangentielle dont elles sont encore animées!

XII

Dans un des mémoires que j'ai lus à l'Académie et qui ont été publiés dans les comptes rendus, à partir de l'année 1848, j'ai rendu compte d'une expérience que j'ai faite, fort triviale il est vrai, mais qui donne une idée assez nette des différentes manières dont les corps matériels agissent réciproquement les uns sur les autres, en vertu de leur attraction, suivant les positions respectives dans lesquelles ils se trouvent au moment où ils exercent leurs actions. Pour cela, je suspends à l'extrémité d'un fil dont l'autre extrémité est fixée au plafond d'un appartement un petit barreau aimanté, de manière à ce que son extrémité inférieure arrive à une dizaine de centimètres au-dessus d'une table recouverte d'une grande feuille de papier blanc. Cette table est placée au-dessous du point répondant à la verticale du fil qui soutient l'aimant, et l'on trace avec de l'encre une marque bien visible pour reconnaître et retrouver au besoin bien facilement ce point.

Les choses ainsi disposées, je mets l'aimant en mouvement en l'écartant de cinquante à soixante centimètres de la verticale et l'abandonnant à l'action de la pesanteur qui le fait osciller comme un pendule ; alors, et après être parvenu à bien régulariser les oscillations de l'aimant et qu'il est arrivé à l'une des extrémités de l'arc qu'il parcourt dans ses évolutions, je place, à quelques centimètres du point qui indique la direction de la verticale dans laquelle se trouve le fil auquel est suspendu l'aimant, un autre barreau aimanté que je présente par le pôle contraire de cet aimant, et j'observe alors, comme du reste pourront le faire tous ceux qui voudront répéter cette expérience très-simple et très-facile, que le barreau aimanté suspendu éprouve dans sa marche une déviation, en parcourant les deux branches d'une hyperbole dont les tangentes forment des angles qui diminuent de plus en plus à mesure que l'aimant mobile passe à une moindre distance de l'aimant fixe.

Si, au lieu de présenter l'un à l'autre les pôles des deux aimants par les signes contraires, on les met en regard par les mêmes signes, l'attraction se change en répulsion et les hyperboles tournent leur convexité en sens contraire de celui sous lequel s'était d'abord manifesté le mouvement de l'aimant oscillant.

Il faut, si l'on veut continuer l'expérience, avoir soin à chaque oscillation de changer la position de l'aimant fixe de manière à ce qu'il se trouve toujours dans l'axe de l'hyperbole que décrit l'aimant oscillant. L'on peut, pour rendre le phénomène plus sensible et établir des comparaisons entre les déviations produites par la présence de l'aimant fixe sur l'aimant mobile, en fonction de leurs distances respectives, fixer au bout de l'aimant oscillant avec de la cire à cacheter ou du fil, un crayon qui trace sur la feuille de papier que l'on fait supporter alors par quelques doubles de mousseline les courbes décrites par l'aimant, et il m'est arrivé quelquefois de les obtenir de cette manière avec beaucoup de netteté.

XIII.

Les formes qu'affectent les cristaux dont la réunion et les diverses combinaisons donnent naissance à tous les corps, se résument aux deux combinaisons que j'ai décrites et fait connaître dans mes précédents mémoires. L'une et l'autre de ces combinaisons sont le résultat de l'action des deux lois opposées dans leurs effets, l'attraction et la distension, qui, agissant simultanément sur les molécules matérielles, tantôt se font réciproquement équilibre en maintenant les rapports de distance qui existent entre ces molécules de manière à leur faire conserver les positions respectives, et par suite les apparences passagères et variables dans lesquelles les corps qui sont le résultat de leurs combinaisons persistent pendant de plus ou moins longs intervalles; et tantôt se dominent réciproquement en déterminant dans les corps sur lesquels elles exercent leurs actions, des changements d'état qui nous les font paraître et apprécier sous des aspects et des formes différents de ceux sous lesquels ils nous apparaissaient auparavant.

Le solide qui résulte de la combinaison de treize molécules matérielles égales et sphériques se touchant par tous les points, jouit de la propriété de pouvoir être étendu indéfiniment en y ajoutant successivement de nouveaux éléments. En se bornant à considérer l'assemblage qui résulte de treize molécules seulement, on voit qu'en faisant passer des plans par tous les angles saillants que présente chacune des molécules qui constituent l'élément de ce solide, il en résulte un cubo-octaèdre dont la surface est formée par huit triangles égaux et équilatéraux et six carrés ayant tous des côtés égaux au diamètre de l'une des sphères qui en sont les éléments. De plus, chacun de ces triangles et de ces carrés servent de base à huit pyramides triangulaires dont toutes les faces et les arêtes sont égales, et à huit pyramides quadrangulaires dont les côtés des bases et des faces sont aussi égaux à ceux des faces des pyramides triangulaires, toutes ces pyramides ayant leurs sommets réunis au centre même du solide.

Pour se former une idée bien nette de l'ensemble des combinaisons qui peuvent être le résultat de molécules, considérées comme sphériques superposées comme je viens de l'expliquer, il est nécessaire de joindre ensemble, soit avec de la cire à cacheter, de la colle forte ou tout autre substance agglutinative, sept sphères égales n'importe de quelle matière ni de quelle dimension, en plaçant l'une d'entre elles sur une table et les six autres tout à l'entour.

On obtient de cette manière un assemblage, ou figure plane, dont l'aspect présente sept proéminences et six déflexions. Les centres de ces points sont tellement espacés qu'en plaçant à volonté, soit sur les intervalles pairs ou impairs trois autres sphères égales aux précédentes, celles-ci se touchent également comme les premières par tous les points saillants qui se trouvent en regard les uns des autres, de manière à constituer un corps solide, susceptible de pouvoir s'agrandir indéfiniment en remplissant toujours l'espace par la superposition de nouveaux éléments semblables et semblablement placés. Supposons donc qu'après avoir réuni entre elles les six premières sphères qui affecteront alors la forme d'un hexagone dans un seul et même plan, l'on place entre les premiers intervalles venus, sur les impairs par exemple, trois autres sphères formant un triangle équilatéral et que l'on retourne ensuite ce solide pour le faire porter sur les trois sphères, superposées auparavant au-dessus de l'hexagone. Ici il se présentera encore par la face opposée sept proéminences et six déflexions. L'on pourra donc ajouter encore trois sphères dans les déflexions paires ou impaires de manière à compléter le cubo-octaèdre. Or, c'est du choix que l'on fera de l'une ou de l'autre de ces positions que résulteront la nature et les propriétés entièrement différentes et étrangères les unes des autres des deux solides obtenus par la combinaison de ces treize sphères ou molécules. Ces deux éléments combinés de toutes manières dans la création produisent l'ensemble des apparences si diverses et cette admirable variété qui caractérisent si éminemment toutes les œuvres de Dieu.

Tous les corps doués de propriétés, quelquefois si opposées

les unes aux autres réunies ou séparées, forment cet admirable
ensemble qui par sa simplicité et son immensité, se trouve si
supérieur à tout ce qui est le produit de l'intelligence humaine.
Mais c'est ici et à partir de ce point, qu'il faut que j'abandonne
le terrain de la démonstration qui a pour résultat de persuader
sans laisser dans l'esprit aucun nuage, terrain sur lequel j'ai
cherché à me maintenir autant que je l'ai pu toutes les fois que
l'occasion s'en est présentée, pour entrer, comme l'ont fait tous
ceux de mes devanciers qui ont parcouru la carrière épineuse
où je m'engage, dans le royaume des conjectures. Ici je ne pourrai
plus m'étayer que sur des abstractions et des suppositions, bases
de systèmes plus ou moins probables, dont l'avenir fera justice, à
mesure que de nouveaux faits, de nouveaux travaux, et l'avancement toujours progressif, quoique d'une manière intermittente
de l'esprit humain, viendra, soit les adopter, soit les abandonner.

La première de ces deux combinaisons, que je désignerai
sous le nom de solide numéro 1, résulte de la superposition
des trois dernières sphères sur les intervalles pairs, lorsque les
trois premières ont été placées sur les intervalles impairs ou
réciproquement. Cette combinaison est essentiellement caractérisée par son type de régularité, on peut la considérer comme
formée par trois cercles, constitués eux-mêmes par sept sphères
qui se trouvent placées dans le même plan. Les plans de
chacun de ces cercles, inclinés réciproquement les uns sur les
autres de 60°, se pénètrent réciproquement; et si l'on conçoit,
que par le centre du solide il parte des rayons qui passent par
les centres des douze autres sphères qui environnent celle de
ces sphères placée au centre du solide qui en forme le noyau,
tous ces rayons prolongés indéfiniment dans l'espace deviendront des diamètres du solide et se trouveront inclinés aussi
les uns sur les autres de 60° dans le sens des trois cercles
à la réunion desquels le solide doit son existence.

Dans le solide numéro 2, au contraire, les trois sphères supérieures reposent sur les mêmes intervalles, ou déflexions paires
ou impaires que les inférieures.

Ce deuxième solide, n'est symétrique et régulier que partiel-
lement. Placé sur les trois premières sphères inférieures, le
plan dans lequel se trouvent les trois sphères supérieures,
ainsi que le plan du milieu occupé par les sept sphères sont tous
les trois parallèles entre eux, mais les cercles intermédiaires
ne le sont plus ni ne se trouvent dans le même plan; les

faces du solide placé dans toute autre situation ne sont plus parallèles, l'un des carrés répond toujours à un triangle, les rayons tirés du centre s'écartent les uns des autres en se répandant dans l'espace dans des directions qui forment de petits angles entre elles.

J'ai démontré dans mes mémoires lus et imprimés dans les comptes rendus de l'Académie des sciences, que lorsque treize molécules matérielles groupées ensemble et affectant la forme du solide numéro 1, se trouvaient soumises à leurs actions réciproques et à celles d'autres molécules libres et semblables occupant l'espace où se trouvait ce solide, ces molécules libres, en vertu des actions combinées des lois de l'attraction et de la distension auxquelles elles obéissaient, venaient se réunir au solide en se plaçant à la suite les unes des autres sur les douze points les plus saillants du solide, de manière à former des files indéfinies dans la direction des trois premières molécules formant chacune l'un des six diamètres, qui passant par son centre, viennent aboutir à sa surface extérieure.

Poisson, dans son traité de mécanique, a donné analytiquement cette même démonstration, mais d'une manière moins complète et moins générale que je ne l'ai fait ici synthétiquement.

En examinant avec attention la structure de ce cubo-octaèdre, et prolongeant par la pensée les faces ou plans dans lesquels se trouvent les huit triangles et les six carrés, dont l'ensemble constitue et comprend la surface entière de ce solide, on retrouve le cube primitif et l'octaèdre régulier, qui en se pénétrant réciproquement ont formé la charpente du cubo-octaèdre.

Si on fait, d'autre part, reposer ce solide sur l'un des carrés de la surface, et que l'on superpose les unes au-dessus des autres des nappes formées alternativement par quatre et cinq sphères, on voit naître deux séries de pyramides quadrangulaires, ayant les unes quatre et les autres cinq éléments pour base; et deux autres séries de pyramides ayant aussi pour bases alternativement quatre et cinq éléments.

En plaçant le solide sur l'un des huit triangles de sa surface et en superposant au-dessus des séries de trois nappes, chaque série composée alternativement de treize et dix-sept sphères, on voit naître les éléments du tétraèdre régulier et des prismes droits à base triangulaire et hexagonale et enfin le rhomboèdre dont les faces forment un angle de 35°16 avec l'axe du cristal et qui n'est pas doué de la double réfraction.

En supposant donc que les causes qui ont déterminé les molécules à se grouper en affectant la forme du cubo-octaèdre continuent d'agir de la même manière, ce solide pourra s'agrandir indéfiniment par l'addition de nouveaux éléments et donner naissance à des cristaux d'une étendue assez considérable pour devenir appréciable à nos observations.

Et lorsqu'il sera arrivé que les circonstances dans lesquelles se trouvaient les molécules matérielles les unes eu égard aux autres, étaient de nature à déterminer leur groupement de manière à donner naissance au solide n° 1, il aura dû en résulter la formation de cristaux symétriques et réguliers comprenant les types de tous les cristaux susceptibles de se laisser traverser par les molécules lumineuses, en ne faisant éprouver à leur marche d'autres perturbations que celles qui résultaient d'un ensemble de corps agissant tous successivement sur elles de la même manière et dans les mêmes conditions.

XIV.

Les considérations que j'ai accumulées pour démontrer que des molécules isolées, ou bien des agrégations de molécules analogues à celles des systèmes stellaires mais constituées d'une manière symétrique et régulière, me semblent ne devoir laisser aucun doute sur les conclusions que j'en ai tirées ; savoir, que lorsque la matière se trouverait dans ces conditions, et resterait soumise à la loi de l'attraction, elle se grouperait partout et toujours en donnant naissance et affectant la forme du solide n° 1. Mais, ainsi que je l'ai fait déjà remarquer, cette régularité mathématique dans la position respective des éléments en présence les uns des autres, qui obéissent à l'attraction et déterminent les agrégations de ces éléments à se grouper en affectant la forme du solide n° 1, ne subsiste, et ne peut subsister, que dans des limites très-restreintes, et sa rupture est une suite nécessaire des mouvements qu'exécutent ces corps élémentaires en marchant vers le centre de gravité.

Or ces différences, quelque légères et quelque insensibles qu'elles puissent paraître entre des éléments aussi rapprochés les uns des autres, peuvent être de nature à introduire dans le groupement de ces molécules des modifications qui les déterminent à se réunir en affectant le type du solide n° 2.

La structure de ce solide, quoique régulière sous un certain point de vue, manque de symétrie en ce sens, que sur les trois grands cercles qui forment sa charpente en se coupant et se pénétrant réciproquement, il en est un seul, celui du milieu, qui soit parallèle à la base dont les sept éléments sont dans le même plan. Les sphères qui constituent les deux autres cercles se trouvent dans deux plans inclinés l'un sur l'autre de quelques degrés. On comprend qu'une pareille modification dans la constitution intime des cristaux peut être de nature à faire varier singulièrement leurs propriétés optiques, et comment il peut se faire que les molécules lumineuses μ n'éprouvent, dans leur marche au travers des assemblages d'autres molécules m toutes disposées régulièrement et symétriquement autour d'un seul axe, que des déviations d'un même ordre et dont les variations ne restent assujetties qu'à leurs masses, leurs vitesses respectives et les angles sous lesquels elles se rencontrent réciproquement. Ces sortes de perturbations qu'éprouvent les molécules lumineuses μ constituent la réflexion ou la réfraction simple, suivant qu'elles passent à une plus ou moins grande distance des molécules m qui les déterminent alors à parcourir, soit une ellipse, soit une hyperbole, circonstances qui remplacent les accès de facile réflexion ou de facile transmission auxquels Newton attribuait les causes de ces phénomènes.

Le mode sous lequel se groupent les molécules, lorsque les circonstances les déterminent à s'assembler de manière à donner naissance au solide n° 2, se prête aussi à favoriser la formation des cristaux dont les faces, les axes et les arrêtes sont plus ou moins inclinées les unes sur les autres. On conçoit en effet que certaines circonstances particulières puissent déterminer les molécules à se porter de préférence sur l'une de ses faces et accroître par conséquent le cristal aux dépens de celles qui lui correspondent. Mais on voit évidemment que cette circonstance ne détruit en rien les relations qui doivent exister, entre l'attraction produite par la masse de chaque partie du cristal qui tend à réunir les molécules dont il est formé, et la distension qui agit en sens opposé pour les désagréger, ce qui laisse subsister toutes les causes destinées à maintenir la stabilité du cristal et les nouveaux rapports qui s'établissent entre ses diverses parties.

Il est probable aussi, qu'outre ces causes qui agissent pour modifier les formes des cristaux, le mode d'agrégation des molécules qui se réunissent pour former des assemblages analogues à ceux des systèmes stellaires y exerce aussi la plus grande influence. Car les molécules matérielles, obéissant en même temps à toutes les actions qu'elles exercent les unes sur les autres, exécutent les mouvements qu'elles ont acquis, par suite de l'espace qu'elles ont parcouru pour se rapprocher entre elles, en décrivant des trajectoires qui embrassent depuis les oscillations rectilignes qu'exécutent les molécules en traversant à chaque fois le centre de gravité, jusqu'au cercle qui a pour centre ce même point autour duquel elles accomplissent leurs révolutions.

Il résulte de l'ensemble de ces mouvements que toutes les molécules en se groupant ensemble dans ces diverses conditions, constituent des sphéroïdes à plusieurs axes dont les surfaces sont limitées par les plus grandes élongations résultant des différences d'excentricité des ellipses parcourues par les molécules m, différences qui sont fonction en même temps des masses, des vitesses et des positions qu'occupent réciproquement ces molécules au moment où elles exercent respectivement leurs actions les unes sur les autres.

La symétrie que l'on observe dans l'arrangement des éléments qui forment les cristaux, lorsque par suite des actions égales et opposées qu'ils exerçaient les uns sur les autres, les principes auxquels ils doivent leur existence ont donné naissance à des corps constitués, fait comprendre, par analogie, que lorsque des sphéroïdes à plusieurs axes formés dans des conditions identiques viennent à se réunir les uns aux autres pour former ces mêmes éléments, les axes analogues qui sont les limites extrêmes des espaces qu'ils occupent, doivent se disposer symétriquement de manière à se toucher par le plus grand nombre de points possible, tout en occupant des espaces restreints dans les limites les plus resserrées. Or, l'on sait que l'alternance opposée des positions respectives qu'occupent les diverses parties qui concourent à la formation d'un cristal, est une des circonstances que l'on observe le plus fréquemment lorsque l'on scrute attentivement leur organisation intime. On peut donc présumer qu'il en est de même des éléments qui donnent naissance à ces mêmes cristaux et que leurs axes homologues peuvent, par suite de circonstances particulières, faire naître ces modifications, se placer de manière à se trouver inclinés tantôt à droite en formant des cristaux dextrogyres, et tantôt à gauche en donnant naissance à des cristaux lévogyres. C'est ce qu'ont révélé à la science les beaux travaux de M. Pasteur sur les circonstances qui accompagnent la cristallisation de l'acide tartrique, et les importantes modifications qui résultent du sens suivant lequel se groupent les molécules, qui, par leur réunion, concourent à la formation de ces cristaux ; travaux dont le célèbre Biot a fait la base de la plus sublime des théories, qui ait encore été présentée à l'acceptation de la science physique moderne, sur la constitution intime des corps.

Les axes, appartenant à des séries de cristaux égaux et semblables, peuvent aussi très-probablement, constituer des nappes dont les axes homologues sont alternativement inclinés d'une manière égale et régulière, soit à droite, soit à gauche de l'axe principal du cristal, de manière à introduire dans son organisation des variations qui font changer toutes ses propriétés.

L'observation directe ne pouvant rien nous révéler sur l'organisation intime des cristaux, puisque, par suite de leur excessive ténuité, leurs parties constituantes échappent complétement au témoignage de nos sens, même aidés par tout ce que la science de l'optique a pu inventer de plus parfait, ce sont les manifestations accessibles à nos observations qui sont le résultat de l'assemblage de ces corps que nous devons consulter pour en induire ce qui, dans des circonstances analogues, reste, par sa nature même, caché à nos observations directes. Ainsi les cristaux rhomboédriques, dont l'angle des faces avec l'axe principal du cristal est de 33°16', ne divisent pas le rayon lumineux, tandis que le cristal analogue, connu sous le nom de *spath d'Islande*, dont le même angle est de 37°27' détermine cette division au plus haut degré. Mais la différence de 2°11' entre les inclinaisons des faces sur les axes de ces divers cristaux, comparée avec celle que pourrait introduire dans la constitution de ces corps, les diverses inclinaisons des axes et des faces des solides n° 1 et n° 2, sous l'empire desquels on pourrait concevoir que se sont formées les combinaisons qui ont donné naissance à l'un ou à l'autre de ces deux cristaux ; cette différence, dis-je, ne pourrait-elle pas amener des rapprochements qui jetteraient une vive lumière sur la constitution intime de ces corps, et sur les circonstances qui accompagnent la formation des cristaux qui leur donnent naissance. Mais ici, encore, je dois me retrancher derrière mon incapacité en pareille matière et sur un sujet qui m'est trop étranger pour que je puisse espérer d'aborder avec fruit les délicates questions dans lesquelles son examen m'entraînerait.

XV

Il est probable qu'il existe quelque loi inconnue qui préside aux conditions qui déterminent le plus ou moins de densité qui caractérise les corps qui, par leur ensemble, constituent les divers systèmes stellaires; loi sur laquelle un examen attentif pourrait peut-être jeter quelque lumière, et même parvenir à élucider. Il n'est pas impossible que cette loi n'ait quelque connexion avec celle de Bode, qui semble établir une espèce de rapport entre la distance et la masse des astres qui occupent les diverses régions de notre univers et la quantité de substance matérielle qui était contenue dans ces espaces à l'origine du temps de la formation du système entier.

Ces rapports, ces appréciations et ces points de comparaison qui paraissent grossiers et informes au premier aspect ne doivent pas, cependant, toujours être négligés ni rejetés comme des idées étranges qui ne méritent ni ne supportent pas d'être prises en considération; et l'on sait par expérience que souvent un examen attentif de questions analogues a mis les savants, les observateurs et les expérimentateurs sur la voie d'arriver, par ce moyen, à la découverte de vérités qui intéressaient la science au plus haut degré.

La vitesse de translation relative de chacun des corps qui composent les systèmes stellaires, est évidemment représentée par le trajet qu'ont exécuté les molécules à l'ensemble et à la réunion desquels ces corps doivent leur existence, depuis le point où se trouvait chacune de ces molécules à l'origine du temps où elles ont commencé à se mettre en mouvement, jusqu'au point de l'espace où elles sont arrivées au moment où on les considère. Mais, indépendamment de ces mouvements de translation qui constituent pour chacun d'eux la force centrifuge qui, en faisant équilibre à l'attraction, maintient la stabilité et la permanence de tous les univers, chacun de ces corps est doué d'une vitesse de rotation autour de son centre de gravité. Or la quantité de mouvement inhérente à chacun de ces corps est évidemment représentée par la somme des molécules qui les constituent, multipliée respectivement par le carré de la vitesse dont elles sont animées, vitesse relative aux distances où elles se trouvent placées du centre de gravité. Et la somme, ou intégrale de ces quantités de mouvement, est égale et représentée, aussi, par la masse de toutes ces mêmes molécules multipliée par l'espace qu'elles ont parcouru depuis le moment, et le point où elles se trouvaient placées à l'origine du temps où elles ont commencé à se mettre en mouvement, jusqu'à celui où on les considère. J'ai du reste développé toutes ces considérations de la manière la plus étendue dans une lettre que j'ai adressée le 14 septembre 1852 à M. Babinet, de l'Institut, et qui a été imprimée à cette époque dans le *Cosmos*, relative à la manière dont ont dû se constituer les univers qui peuplent l'espace.

Les molécules matérielles primitives affluant de toutes les parties de l'espace qui comprend la nébuleuse à laquelle nous appartenons et se dirigeant au centre de gravité, il a dû en résulter, vers ce point, une immense accumulation de matière dont l'agrégation a donné naissance au soleil. Toute la quantité de mouvement acquise par ces molécules pendant leur trajet, par suite de ce rapprochement, a été employée en entier à procurer à la masse solaire, qui devait son existence à cette concentration de molécules matérielles, un mouvement de rotation sur elle-même, puisqu'en ce point il n'existait, et il ne pouvait exister, aucun mouvement de translation qui eût absorbé et se fût approprié une certaine quantité de ce mouvement. Il est résulté de l'accomplissement obligé de ces lois, et de ce grand mouvement de rotation de la masse solaire, que la densité du soleil est restée au-dessous de celle des astres qui accomplissent leurs révolutions dans les régions les moins éloignées de lui, et qu'il a échappé, de cette manière, complétement à l'une de ces lois cachées à nos yeux, d'où il semble résulter d'une manière générale, que la quantité des corps célestes qui forment le cortége du soleil est d'autant moindre qu'ils se trouvent eux-mêmes à une plus grande distance de cet astre.

Ces considérations amènent à comprendre avec quelle énergie doivent agir à la surface du soleil, les molécules ρ qui y affluent de toutes les parties de l'espace et y exercent leurs actions pour distendre et disséminer dans ce même espace, avec d'immenses vitesses, les molécules m dont l'ensemble et la réunion constituent la masse de cet astre. La grande vitesse dont sont animées celles de ces molécules qui se trouvent placées à la surface du soleil par suite de son grand mouvement de rotation, a dû nécessairement déterminer la formation d'une immense photosphère gazeuse assujettie à une foule de mouvements divers qui déterminent toutes les apparences que l'on observe à sa surface, apparences sur les causes et les effets desquelles ont été édifiés tant et tant de systèmes et de conjectures qui se renversent, se remplacent successivement les uns les autres, et dont aucun jusqu'ici n'a pu donner des explications assez correctes et assez satisfaisantes des phénomènes pour que la science ait pu s'y attacher d'une manière certaine et définitive.

L'état gazeux existe très-probablement sur le soleil jusqu'à une grande distance de sa surface, et la densité des couches successives qui forment son noyau doit augmenter rapidement à mesure que l'on pénètre plus avant dans son intérieur, de manière à devenir très-considérable au centre. La couronne qui environne cet astre et les appendices roses que l'on observe à sa surface pendant qu'il est éclipsé par la lune nous indiquent, d'autre part, que l'existence de ces corps gazeux et l'émission qui en résulte à chaque instant dans toutes les parties de l'univers qu'il domine, par suite de la distension qui agit sur eux avec une grande énergie, constituent sous tous les aspects et sous toutes les formes une immense effluve de chaleur et de lumière qui distribue la vie et le mouvement sur tous les astres qui sont sous sa dépendance, suivant les conditions auxquelles la sagesse infinie du Créateur a subordonné le maintien de cet ordre et de cette admirable harmonie indispensable à l'existence de tous les êtres. Et là où une densité et une fixité plus grande étaient nécessaires à la conservation des êtres destinés à y figurer, les molécules matérielles ont contracté entre elles des adhérences relativement plus grandes, et suffisantes pour donner naissance à des corps constitués à l'état solide aux températures qui répondent pour chacun d'eux aux conditions qui en assurent la stabilité. Si ces questions paraissent à notre intelligence, douteuses, embrouillées et difficiles à percevoir, il faut bien se rappeler qu'il en est d'autres d'un ordre encore plus élevé, telles que l'infini du temps et de l'espace, la conscience de la concentration de l'existence de Dieu en un seul instant indivisible, infiniment court, dont la certitude nous est impérieusement imposée par notre nature, malgré la répugnance invincible qu'éprouve notre raison à les admettre. Mais nous ne devons attribuer la cause de cette incapacité qu'à l'imperfection relative de notre organisation physique, à laquelle se trouvent subordonnées les fonctions de notre intelligence qui répondent à la période de développement des êtres à laquelle nous sommes parvenus, et dont nous faisons nous-mêmes actuellement partie.

Les beaux travaux de M. Boucher de Perthes à Moulin-Quignon viennent de mettre hors de doute le séjour de l'homme sur la terre aux époques géologiques contemporaines de l'existence des animaux vertébrés, et par conséquent bien antérieure aux temps historiques dans lesquels elle avait été jusqu'ici restreinte. M. Trémaux, d'autre part, dans les études si remarquables qu'il a entreprises pour constater la perfectibilité des êtres qui habitent la terre en rapport avec celle des contrées qu'ils occupent, dont il a donné un si lumineux résumé dans le compte rendu des séances de l'Académie des sciences le 4 juillet 1864, a démontré cette tendance au progrès de l'espèce humaine; il est donc infiniment probable que lorsqu'il se sera écoulé une suite de siècles suffisante, ce qui nous paraît aujourd'hui obscur et embrouillé pourra acquérir pour ceux qui nous suivront le caractère de certitude d'une vérité démontrée. La tendance au progrès de l'espèce humaine si savamment étudiée et mise au jour par M. Trémaux, me semble ne devoir, ni pouvoir laisser subsister aucun doute, sur la tendance encore croissante des facultés de l'espèce humaine, vers un degré plus avancé de perfectibilité que celui qui existe aujourd'hui. Cette tendance à la perfectibilité des êtres organisés qui sont le résultat des diverses combinaisons de la matière, continuera très-probablement à augmenter jusqu'à l'époque où les dernières molécules les plus éloignées du centre de gravité du système stellaire formé par la condensation d'une partie de la nébuleuse à laquelle nous appartenons, soient venues traverser le centre de gravité du système. L'univers auquel nous appartenons arrivé alors au plus haut degré de perfectibilité auquel il soit susceptible d'atteindre, éprouvera une tendance progressive vers sa désorganisation dont le dernier terme répondra à l'époque vers laquelle chacune des parties du système sera revenue occuper une position semblable ou équivalente à celle qu'elle occupait primitivement dans l'espace à l'origine du temps. Alors la masse entière sera revenue au repos pour recommencer, à partir de ce moment, une nouvelle et grande révolution ayant ses phases et son mode d'existence particulier. Mais on trouvera probablement, et avec juste raison, que je me suis trop avancé sur un sujet qui par sa nature, se trouve dans une catégorie de faits aussi couverts de voiles et aussi impénétrables à nos yeux et à notre intelligence; et chacun pensera comme moi qu'il serait aussi superflu que téméraire de vouloir hasarder à cet égard aucunes conjectures, même les plus légères et les plus éloignées, comme étant par leur nature trop dépourvues de toute probabilité qui pourrait faire espérer de les voir s'approcher de la vérité.

XVI

Le principe qui caractérise les conditions d'existence des corps solides, me semble résider principalement dans la nature des trajectoires parcourues par les molécules matérielles dont l'ensemble des agrégations constitue ces corps.

Lorsque, par suite de ces variations dans la nature des trajectoires qu'elles décrivent, les molécules m constituant les corps solides viennent à exécuter leurs mouvements dans des cercles, il est probable que la masse entière des agrégations dont elle est formée passe alors à l'état liquide, état dans lequel toutes les positions possibles et imaginables des agrégations de molécules m deviennent alors indifférentes eu égard à la constitution du corps, et aux actions qu'exercent les unes sur les autres les diverses parties dont il est formé.

Si, au lieu de les raccourcir, les causes qui déterminent des variations dans le mode d'existence des corps solides tendent au contraire à allonger les grands axes des ellipses que parcourent les éléments dont ils sont composés, les trajectoires que parcourent ces corps se changent en hyperboles aussitôt que l'ordonnée de l'ellipse qui passe par le foyer devient égale à quatre fois la longueur de l'abscisse correspondante, condition à laquelle se trouve attachée, comme on le sait, la transformation de l'ellipse en hyperbole qui répond au cas où la section du cône devient parallèle à l'une de ses arêtes. Les éléments qui constituent les corps, lorsque ces conditions se trouvent réalisées, tendent alors à s'éloigner du centre de gravité de ces corps, et à se disperser dans l'espace dans toutes les directions; et les corps alors passent à l'état de vapeur en déterminant le phénomène de l'évaporation.

Enfin, si l'effluve qui résulte du passage des molécules μ à travers les systèmes des molécules m qui constituent les corps à un état quelconque est tellement considérable, comme il arrive dans la combustion ou l'excitation électrique, que la vitesse de ces corps soit si grande et que les molécules m sur lesquelles elles exercent leurs actions ne puissent se prêter à passer successivement par toutes ces phases et suivre toutes ces alternatives, le corps se trouve violemment désorganisé ; tous les éléments dont il est formé se séparent successivement de lui en s'éloignant dans toutes les directions sous la forme de chaleur, de lumière ou d'électricité, affectant toutes les phases et toutes les différences qui caractérisent ces diverses modifications dans l'existence de la matière.

La nature des combinaisons premières de molécules matérielles, lorsqu'elles se sont constituées de manière à former des corps soit à l'état solide, liquide, gazeux, calorifique, lumineux, électrique, etc., a dû influer puissamment sur les diverses propriétés de ces corps. Lorsque, par suite de la diversité de ces combinaisons, les molécules se sont groupées de manière à donner naissance soit au solide n° 1, soit au solide n° 2, il a dû en résulter des différences analogues dans la grandeur des angles qui mesurent l'inclinaison des arêtes et des faces des cristaux les unes sur les autres, sur leurs étendues respectives, leur densité, leur diaphanéité, leur opacité.

Les molécules isolées et leurs combinaisons ont dû aussi, en vertu des actions réciproques qu'elles exerçaient les unes sur les autres, tantôt accomplir leurs mouvements autour du centre de l'agglomération matérielle dont elles faisaient partie, occupé lui-même par un noyau formé par des combinaisons à un plus grand état de concentration comme il arrive au système solaire et aux comètes à noyau, et tantôt exécuter leurs mouvements autour de ce centre de gravité privé par lui-même de matière, comme on le voit dans la vapeur vésiculaire, les étoiles multiples, les couches concentriques que l'on observe autour des comètes privées de noyau, les stratifications qui accompagnent l'œuf électrique, etc.

La forme, la densité et tous les autres modes d'existence et propriétés que manifestent les corps à tous les états et sous tous les aspects qu'ils affectent, sont nécessairement subordonnés aux

relations continuelles qui s'établissent entre les diverses parties
qui la composent, et à la pondération provenant du jeu continuel qui a lieu entre l'attraction et la distension qu'exercent
ces molécules entre elles.

Je compare les formes indécises et flottantes des corps entre
certaines limites, à un essaim d'abeilles réunies en groupe suspendu à une branche d'arbre. L'instinct de ces animaux les
guide pour comparer, avec la plus grande exactitude, la résistance provenant de la force musculaire développée par celles
d'entre elles qui se trouvent placées à la partie supérieure du
groupe, avec la traction opérée par le poids de la masse de celles
situées au-dessous d'elles et rester précisément dans la limite
où ces deux résistances se font respectivement équilibre, comme
les plateaux d'une balance également chargés des deux côtés.

Or l'aspect du groupe animé, qui nous représente ici l'organisation des corps constitués, est complétement indépendant de la
nature de la matière qui les constitue, et il en est de même de
tous les corps depuis la configuration qu'affectent les systèmes
stellaires jusqu'aux combinaisons les plus minimes entre les
molécules simples primitivement créées par Dieu. Combinaisons tout aussi incompréhensibles pour nous et au-dessus de
notre intelligence que celles qui existent entre les plus vastes
assemblages qui composent l'immensité de la création.

Le jeu continuel des molécules simples et unitaires, qui est la
suite du mouvement qu'elles ont acquis en se rapprochant les
unes des autres, détermine toutes les combinaisons de la matière nécessaires à l'accomplissement des périodes que le Créateur a instituées en rapport avec les besoins de tous les êtres
qu'il a créés. Ces jeux d'affinités assujettis à des règles et à
des lois invariables, amènent à se rendre compte des changements qui ont lieu dans les rapports des êtres, et de ceux qui s'o-
pèrent dans leur nature en parcourant les diverses périodes de
la création. Les beaux travaux de M. Pouchet ont mis au jour,
et corroboré les observations de ses devanciers, en nous faisant
assister aux transformations qui, dans l'ordre de l'admirable
prévoyance divine, font passer les êtres créés de la classe des
végétaux dans le règne des êtres animés, transformations auxquelles on a donné bien improprement le nom de générations
spontanées, ce qui pourrait laisser croire qu'il est ici question
d'une création de matière tandis que visiblement les auteurs de
ces si intéressants travaux n'y ont attaché d'autre idée que celle

de la transmutation d'un corps d'un état à un autre déjà préexistant. Il en est de même de certaines modifications sur la nature desquelles les expériences de M. Pouchet viennent de jeter une éclatante lumière, et qui ont pour résultat de changer le mode d'existence de certains êtres en en faisant complétement varier la nature. Ainsi l'on voit le virus rabique se développer spontanément chez la race canine et affecter promptement toutes les parties de leur organisation au point de rendre les fonctions de la vie impossibles. Évidemment l'un des principes constituants de l'organisation du chien, nécessaire au maintien de son existence, a éprouvé alors une modification qui a influé de proche en proche sur les autres éléments avec lesquels il se trouvait en contact. Il en eût été de même dans l'exemple de l'essaim d'abeilles que j'ai cité plus haut. Si l'un de ces animaux avait apporté avec lui le germe d'une maladie contagieuse qui, par son contact, eût affecté fatalement et inévitablement toute la masse, il en serait résulté que toutes les abeilles eussent été atteintes successivement par l'influence du virus qui eût détruit, avec le principe de leur organisation la force musculaire inhérente à leur constitution physique. Dès lors l'une des conditions sur lesquelles se trouvait fondée la force nécessaire au maintien de leur agglomération venant à manquer, les liens qui unissaient les diverses parties du système se seraient trouvés complétement rompus. On pourrait appliquer le même raisonnement au cas où la plus légère parcelle provenant de l'animal infecté se serait trouvée en contact avec des parties organisées susceptibles d'éprouver la même modification, et en dire autant du virus variolique, de la peste, du choléra morbus, de la gatine des vers à soie, des humeurs dartreuses, des maladies contagieuses des végétaux et des jeux d'affinités chimiques qui changent entièrement les combinaisons, l'aspect et les propriétés des corps organisés et inorganiques.

XVII

Les premiers principes constituant des corps, recèlent probablement en eux la presque totalité du mouvement qui représente l'espace que les molécules qui les composent ont parcouru pour se constituer, de même que les systèmes stellaires qui prennent, par suite des mêmes causes, l'aspect qui leur est propre. Ainsi que je l'ai déjà fait remarquer, beaucoup d'entre ces corps ont pour limites des mouvements de leurs divers éléments, des espaces circonscrits par des sphéroïdes à plusieurs axes comprenant un plus ou moins grand nombre de molécules sous le même volume, ce qui caractérise les différences de pesanteur spécifique, l'état solide, liquide, aériforme, ou fluides lumineux, caloriques, électriques et autres. Dans les corps solides, ces divers cristaux formés de molécules m et unis entre eux par la loi de l'attraction et de la distension, après avoir été dépouillés, par suite de circonstances exceptionnelles que j'ai fait connaître dans mon grand mémoire sur la cohésion, de toute la vitesse dont ils étaient animés et qu'ils avaient communiquée aux molécules a venant traverser leurs systèmes, ont conservé entre eux des positions fixes et stables entre des limites analogues à celles qui régissent les rapports qui existent entre les distances qui séparent les corps célestes. En sorte que ces corps ont pris les diverses formes et les divers aspects sous lesquels ils affectent nos sens. Mais ces premiers éléments se sont combinés dans les conditions nécessaires pour que leur arrangement se présentât tantôt sous l'aspect du solide n° 1 et tantôt sous celui du solide n° 2. Des nappes formées par l'un et l'autre de ces solides ont pu aussi alterner et se superposer symétriquement et régulièrement les unes au-dessus des autres, et il en est résulté des corps ayant diverses propriétés, formant des cristaux différents les uns des autres par leurs angles, leurs faces, et la position de leurs arêtes. Le cubo-octaèdre primitif régulier a pu voir ainsi altérer ses formes; les axes des ellipsoïdes dont il constituait les éléments ont pu se disposer sous certains angles et donner aux divers cristaux qui résultaient de ces combinaisons, toutes les formes et toutes les propriétés que l'observation nous a fait reconnaître en eux. Chez certains de ces cristaux, les plus régulièrement organisés, les agrégations lumineuses ont dû se frayer régulièrement et sans obstacle un passage à travers le cristal, en restant toutes assujetties à la même loi de déviation qui caractérise l'indice de réfraction simple chez chacun de ces corps; et c'est ce qui a formé et donné naissance aux corps diaphanes à réfraction et réflexion simples. Dans d'autres cas, et lorsque ces molécules ou leurs agrégations différaient entre elles par suite des différences de nature ou du mode d'assemblage qui les caractérisaient, les agrégations lumineuses ont éprouvé dans leur passage à travers la substance des corps qu'elles traversaient, des différences de déviation qui ont constitué à ces cristaux le caractère de la double réfraction. Lorsque enfin la disposition de ces molécules était telle que les agrégations, constituées de manière à produire sous nos yeux l'impression lumineuse, étaient déviées dans toutes les directions, ou bien que le cristal, par sa nature, jouissait de la propriété d'absorber et de s'associer les cristaux formés par les molécules μ qui venaient le traverser en s'emparant du mouvement dont étaient pourvues ces molécules, il en est résulté les corps opaques de toutes les formes, de toutes les dimensions, de toutes les couleurs et à tous les états.

Les différentes formes qu'affectent les cristaux peuvent aussi être la suite et le résultat des décroissements successifs des molécules matérielles soit sur les faces, soit sur les arêtes des cristaux, suivant les beaux et immortels travaux et les admirables combinaisons dont le célèbre Haüy a doté la science de la cristallographie, ainsi que les habiles et ingénieuses combinaisons de M. Gaudin qui s'est attaché avec tant de talent et de succès à marcher sur les traces de ce savant célèbre.

Il est probable que si l'on pouvait rendre la distension prépondérante chez les corps où ces deux actions, agissant sur les molécules qui, constituant ces corps, se compensent mutuellement en se faisant réciproquement équilibre, on les verrait se désorganiser; leurs éléments s'échapperaient par la tangente dans toutes les directions et se réduiraient en chaleur, lumière ou en électricité qui se traduiraient et se manifesteraient par les impressions que ces agents ont l'habitude d'exercer sur notre organisation. J'ai été toujours excessivement frappé de l'expérience du disque tournant d'Arago, à laquelle j'assistai la première fois que ce célèbre et immortel savant se mit en devoir de l'exécuter. La grande vitesse imprimée au disque faisait visiblement détacher, et se répandre dans l'espace tout antour de ce disque, une partie de sa propre substance dont les molécules devenues libres, et susceptibles de se diffuser dans toutes les directions, traversaient les corps environnants quels que fussent leur état et leur nature en exerçant leur action sur l'aiguille suspendue par son centre de gravité et séparée du disque par n'importe quelle substance.

Je suis persuadé que s'il était possible de communiquer une assez grande vitesse de rotation à un disque métallique tournant sur son axe; que ce disque fût d'une nature telle que la cohésion, ou attraction des diverses molécules matérielles qui le composent fût insuffisante pour résister à l'effort qui serait le résultat de la force centrifuge déterminée par la rotation de ce disque, aidée de la distension qui dispose concurremment ce corps, dans ce cas, à se désorganiser, les éléments dont il est formé se sépareraient les uns des autres en s'échappant par la tangente, et il en résulterait une effluve de molécules calorifiques, lumineuses ou électriques qui, en se répandant dans les espaces environnants, pourraient être utilisées avec un grand avantage dans la pratique, pour opérer avec économie la transformation de la force en chaleur, lumière ou électricité.

Les phénomènes lumineux, dans les diverses phases qu'ils manifestent à nos observations, sont aussi assujettis aux mêmes lois de symétrie et de régularité qui président à la constitution des corps cristallisés. Lorsqu'on fait passer un rayon de lumière polarisée à travers le polariscope d'Arago, les diverses couleurs, les bandes et les raies du spectre se séparent et se tranchent nettement sans se superposer, occupant chacune un espace défini sans anticiper les unes sur les autres.

Ceci nous indique qu'une cause puissante et régulière, régit d'une manière invariable les divers mouvements des molécules lumineuses dont les effets produisent sur nos sens les différentes impressions du spectre, et qu'elles sont la suite naturelle des lois générales d'ordre et d'harmonie que la puissance divine a instituées pour régir la création entière, et auxquelles il a subordonné tous les êtres. Ces diverses agrégations, provenant des éléments mêmes qui constituent la masse du soleil, s'échappent continuellement de cet astre et se répandent dans toutes les directions, par l'effet de la distension qu'exercent sur elles les molécules matérielles et les corps de toute espèce, disséminés avec tant de profusion dans l'espace qui le traversent dans tous les sens avec d'immenses vitesses. Cette émission de molécules provenant du soleil, agrégées ensemble sous diverses formes, divers volumes, diverses densités, mais toujours dans des proportions définies, marchant parallèlement ensemble, commencent déjà à éprouver une tendance à graviter les unes vers les autres et à se réunir en groupes de la même manière que nous l'observons dans les précipités chimiques, dans la pâte à papier délayée dans l'eau, et dans tous les cas où la matière se trouve placée dans des circonstances où elle se trouve libre de pouvoir obéir à cette espèce d'instinct attractif qui porte invinciblement les molécules qui la composent à se réunir les unes aux autres suivant certaines lois dont nous observons les applications, lois qui président aux affinités et combinaisons chimiques, mais dont les causes nous sont entièrement inconnues.

Tous ces résultats, dus aux attractions réciproques qu'exercent les molécules matérielles les unes sur les autres, deviennent de plus en plus apparents, à mesure que l'on place les corps constitués par l'ensemble de ces molécules, dans des circonstances propres à favoriser la séparation des éléments formés par leur réunion, comme il arrive dans la réfraction, la dispersion, la diffraction, la réflexion, la polarisation, etc., et les mêmes causes déterminent ensuite à se réunir entre eux, ceux de ces divers éléments qui sont doués de propriétés semblables ou analogues.

Outre les actions que les parties de la matière, groupées suivant leurs diverses natures et propriétés, exercent à cet état, il est probable aussi que lorsque les divers rayons provenant de la division du spectre, et qui voyagent à distance les uns des autres, tendent à se réunir en obéissant à l'attraction qui agit sur les molécules qui les composent, que ces divers rayons, au lieu de diverger en ligne droite dans les directions qui leur avaient été imprimées au moment de leur séparation par une cause quelconque, décrivent des courbes paraboliques dont la concavité des branches est tournée les unes vers les autres en tendant au parallélisme, de manière à affecter la forme d'un paraboloïde de révolution; et c'est effectivement ce qui semblerait résulter des expériences exécutées par mes fils, sur les indications que je leur avais données à cet effet, qui consistaient à placer à des distances égales les unes des autres des écrans à demi transparents sur le trajet des rayons lumineux, afin de comparer les intervalles occupés par les divers rayons sur l'écran avec la distance de cet écran au point où la séparation des rayons a été déterminée par une cause quelconque. Mais les difficultés inhérentes à des expériences aussi délicates ne leur ont pas permis encore de constater, d'une manière assez certaine et assez positive les résultats qu'ils ont obtenus, pour les présenter comme un fait positif acquis d'une manière certaine à la science.

Ces effets d'attraction, entre les divers éléments matériels existants dans des milieux plus ou moins denses, sont d'autant plus apparents que ces milieux sont plus rares et laissent une plus grande liberté aux molécules matérielles qui les traversent

en voyageant parallèlement ensemble d'obéir plus facilement
à leurs actions réciproques. C'est avec le plus profond étonne-
ment et la plus vive admiration que j'ai vu répéter sous mes
yeux par mes fils, au moyen des puissants appareils que nous a
fournis M. Rumhkorff, les phénomènes de stratification de la lumière électrique lorsque l'on fait passer un courant puissant
d'électricité dirigé dans le sens de la longueur d'un tube en verre,
dans lequel on a introduit préalablement un gaz raréfié à un
demi-millimètre près, phénomènes si intéressants qui ont été
reproduits, exécutés, décrits et expliqués avec tant de talent et
de précision par M. le professeur de La Rive.

Dans d'autres circonstances des effets analogues, dus à des
causes identiques, se manifestent sur de plus vastes échelles dans
les phénomènes de stratification de la matière nébuleuse autour des comètes, ainsi que les apparences que présente la
condensation de la matière chaotique qui se résout en nébuleuse, en présentant les apparences de spires tendant à se réunir autour du centre commun de gravité de la masse pour arriver successivement à former des systèmes stellaires constitués
à l'état où se trouve actuellement celui dont nous faisons nous-
mêmes partie.

XVIII

Les divers effets résultant des actions exercées par les molécules μ en mouvement, qui réunies ou isolées viennent traverser les systèmes des molécules m dont les agrégations par
leur réunion forment les corps solides, se manifestent par des
apparences qui diffèrent souvent considérablement entre elles.
Ces différences ont servi à la science actuelle, basée sur l'adoption de la théorie de l'éther et des impondérables, à établir des
classifications qu'elle désigne en disant, qu'ils ont une plus ou
moins grande capacité pour le calorique, qu'ils sont transparents ou opaques, bons ou mauvais conducteurs de la chaleur et
de l'électricité, etc. Mais ces différences ne sont qu'apparentes
et relatives au mode d'existence de ces corps, car la compression,
le choc, l'écrouissage, le polissage, la division, etc., peuvent
faire varier ces propriétés dans des limites très-étendues:

J'ai démontré, en effet, que l'action des molécules μ, lorsqu'elles traversent, avec de grandes vitesses, les systèmes de
molécules m dont la réunion constitue des corps à tous les

états, était d'autant plus considérable pour séparer et éloigner les unes des autres ces molécules m, que la distance qui les séparait était moindre. Dans la compression, les molécules des diverses parties des corps en contact les plus saillantes sont distendues, à cause de leur très-grand rapprochement, avec une intensité si considérable que cette force suffit pour écarter violemment les uns des autres les corps que l'on a soumis à l'acte de la compression et produire le phénomène de l'élasticité ; dans cet acte la réaction toujours égale à l'action est une suite du mode même de déploiement des forces attractives que les deux corps exercent l'un sur l'autre. A cet état, on pourrait croire que la force employée à comprimer le corps a été anéantie ; mais, en réfléchissant avec attention au mode d'action des forces développées alors, on s'apercevra bien vite, que si cette action est suffisamment prolongée, le rapport de la vitesse des molécules μ, en fonction de l'action que ces mêmes molécules exercent sur les molécules m du corps, dominant celui qui exprime l'attraction que les molécules m exercent les unes sur les autres en fonction de la distance qui les sépare, les molécules μ s'emparent, peu à peu, de la force ou vitesse communiquée aux corps développés dans l'acte de la compression, et ces corps finissent promptement par perdre leur élasticité comme en effet l'indique l'expérience. Les molécules alors se déplacent, prennent de nouvelles positions relatives au nouveau mode d'existence qui résulte de ce changement de position, et le corps acquiert de nouvelles propriétés, comme de se délivrer des aspérités qui existaient auparavant à sa surface, et de passer à l'état de poli en devenant susceptible de réfléchir la lumière.

On voit aussi des corps dans les mêmes circonstances, qui se touchant sur un grand nombre de points se soudent et se réunissent les uns aux autres lorsque leur forme se prête à ce qu'un grand nombre de points de leur surface se trouvent en contact ; aussi, l'on sait qu'il arrive aux glaces polies empilées les unes sur les autres de contracter des adhérences telles que la lumière les traverse sans qu'il soit possible d'apercevoir le point où il existait auparavant une solution de continuité, et qu'il n'est plus possible alors de les séparer les unes des autres sans les briser en éclats. Cette impossibilité de rapprocher les corps les uns des autres, passé une certaine limite, en mettant leurs surfaces en contact, constitue ce que l'on est convenu d'appeler impénétrabilité. Cet acte de rapprochement, en faisant disparaître et en éliminant peu à peu les aspérités qui se rencontrent à la surface des corps, rend souvent ces surfaces polies et, à cet état, d'opaques qu'ils étaient auparavant, ils acquièrent le caractère de la diaphanéité et deviennent aptes à réfracter ou réfléchir la lumière. La compression exerce aussi une action sur l'organisation des parties intérieures des corps qui a pour résultat de déterminer dans la marche des rayons lumineux qui les traversent ou qu'ils réfléchissent, des déviations en rapport avec les modifications que ces corps ont éprouvées dans leur constitution intime en faisant varier le mode d'action qu'ils exerçaient auparavant sur la lumière; en sorte que les uns acquièrent les propriétés que possèdent naturellement les cristaux doués de la réfraction ou de la réflexion multiple, la polarisation rectiligne, circulaire ou elliptique, la variation dans l'arrangement de leurs molécules qui constitue les cristaux dont ils sont formés de manière à leur donner les propriétés dextrogyres ou lévogyres, etc., etc.

Les effets qui résultent du choc produisent, sous certains rapports, les mêmes résultats que ceux obtenus par la compression. Son action est moins continue, mais plus grande, plus forte et plus instantanée; ces effets diffèrent de ceux de la pression, en ce que les parties du corps qui sont percutées, n'ayant pas toujours le temps de prendre les positions qui résultent du nouvel état d'existence qui leur est imposé, le nombre des molécules μ qui traversent leur système est si considérable et leur vitesse si grande, qu'il y a solution de continuité entre les parties du corps sur lesquelles elles exercent leur action. Ces parties se séparent alors les unes des autres avec les vitesses qui leur avaient été imprimées par les μ auxquelles elles n'avaient pas eu le temps d'obéir, et le corps s'écrase en volant en éclats de toutes parts.

C'est dans le choc que l'on constate avec le plus d'évidence l'égalité de l'action et de la réaction. Lorsque les corps sont élastiques, et que de grandes distances séparent les uns des autres les éléments qui les composent, leurs molécules obéissent facilement à toutes les impulsions qui leur sont communiquées, les effets, successivement décroissants de la surface au centre qui sont le résultat du choc rendent la distension prépondérante sur l'attraction, dans la masse entière, pendant tout l'intervalle de temps qui s'écoule pendant la durée du choc, et la réaction s'opère dans les mêmes intervalles de temps en suivant les mêmes phases, et permettant au corps choquant de restituer à celui qui le choque toute la quantité de mouvement dont il était resté un moment dépositaire. Mais si la nature du corps, sa forme, sa conformation intérieure sont telles, que les molécules qui le composent se prêtent difficilement à faire varier les rapports de position des diverses parties telles qu'elles existaient auparavant, ces parties se séparent violemment les unes des autres et le corps se désagrége, chacun des éléments qui le composent étant alors animé de la même vitesse que celle qui était inhérente aux divers éléments qui constituaient la masse entière du corps.

L'écrouissage constitue une suite indéfinie et non interrompue de chocs constamment répétés à chacun desquels répond une série de phénomènes semblables ou analogues à ceux qui sont le résultat du choc. Or nous avons vu que, dans le choc, la distension acquérait momentanément une très-grande intensité, et comme cette modification à l'existence du corps, sous le point de vue de l'arrangement des molécules qui sont à sa surface puisque la distension ne s'exerce jamais qu'à une très-petite distance de cette surface, a pour résultat de ramener l'arrangement des molécules aux conditions qui constituent le cristal régulier, comme étant la forme la plus simple et la plus ordinaire qu'affecte la matière pour se constituer en corps organisé à tous les états et sous toutes les formes, on comprend comment l'écrouissage peut changer complétement la nature et les propriétés des corps qui y ont été soumis.

On sait en effet que l'écrouissage, ou toute autre cause capable de produire une suite de chocs répétés de nature à déterminer les mêmes effets, suffit pour introduire les plus importantes modifications dans le mode d'existence des corps. Le fer doux, filandreux, difficile à casser et présentant dans ses parties brisées l'aspect d'un ligneux analogue à celui d'un paquet de chanvre; celui que l'on étire à la forge en formant plusieurs fois des mises successives de manière à lui donner du nerf et lui procurer une contexture analogue à celle du précédent; le fil de fer passé un grand nombre de fois dans des filières toujours de plus en plus petites; les fers que l'on emploie à ferrer les chevaux pour l'usage desquels on recherche et choisit toujours le fer le plus doux et le plus tenace; les gros fers employés comme tirants pour soutenir et contrebalancer les puissants efforts des presses hydrauliques, ceux dont on fait usage pour les ponts ou fils de fer assujettis à une suite indéfinie de violentes et continuelles vibrations, etc., etc., finissent toujours par changer complétement de nature par un usage long et répété et par devenir durs et cassants, en présentant à leur intérieur une contexture cristalline qu'ils n'avaient pas auparavant, s'approchant plus ou moins de la fonte coulée ou fer cristallisé.

XIX.

Or tous ces phénomènes sont dus évidemment aux mouvements intérieurs qu'exercent continuellement toujours et sans interruption, les molécules constituantes des corps, suivant les lois de Kepler et celles de l'attraction newtonienne; mouvements que la science actuelle accuse sous le nom de développement de lumière, de chaleur, d'électricité, de magnétisme, etc., mais qui ne sont autre chose, en réalité, que les parties constituantes des corps qui exercent leurs attractions respectives dans l'intérieur des corps à l'état solide, tout comme à l'état liquide et à l'état gazeux. On voit en effet les substances métalliques attaquées si violemment par les effluves de molécules matérielles qui s'établissent le long des conducteurs de l'électricité, et ces effluves distendant les éléments qui forment ces substances avec une telle violence et une telle intensité, que ces corps sont transportés d'un pôle à l'autre d'une manière visible, ostensible, en masses considérables sans avoir même subi la moindre altération dans leur organisation intime. Or, comment pourrait-il en être autrement des molécules matérielles qui sillonnent l'espace dans tous les sens à travers tous les corps? Évidemment les molécules constituant la matière à cet état, obéissent à leurs affinités réciproques de la même manière que nous l'observons dans les réactions chimiques sur les substances dissoutes, lorsqu'en mettant ces substances en présence les unes des autres elles se décomposent réciproquement en se substituant les unes aux autres.

Les lois suivant lesquelles s'exécutent tous ces phénomènes nous sont complétement inconnues. Nous les désignons arbitrairement par des expressions auxquelles il est impossible, même, d'attacher aucun sens précis, et nous les attribuons à des causes fondées sur de vagues hypothèses dénuées de toute probabilité dont la seule et véritable est évidemment celle de l'action attractive qui agit sur la matière à cet état.

Les modes suivant lesquels ces phénomènes se manifestent à nos yeux, sont de même nature et tout à fait semblables à ceux que nous provoquons, à l'aide des puissants appareils dont la science dispose aujourd'hui, pour faire naître ces effluves formidables, formées de molécules invisibles à nos yeux, mais dont le nombre, la densité et probablement d'autres propriétés qui nous sont inconnues, forment des masses considérables; ces masses qui, animées de vitesses dont la perception dépasse toutes les limites de nos facultés et de notre intelligence, produisent ces prodigieux effets qui viennent confondre et bouleverser toutes les notions du possible que l'esprit humain avait pu jusqu'ici attribuer à la science humaine.

Ces mouvements de la matière existant dans tous les univers créés, sont les moyens que Dieu a attribués aux molécules qui la composent, pour donner à tous les êtres les formes et les aspects sous lesquels ils affectent nos sens. Les effluves matérielles qui sont les conséquences de ces mouvements se combinent, se substituent les unes aux autres dans les corps solides, tout comme dans les liquides et les gaz. Il est impossible d'attribuer raisonnablement à aucune autre cause la formation et la cristallisation de la plupart des roches, celle des filons métalliques, orientés le plus souvent dans le méridien magnétique; celle du diamant affectant les formes cristallines les plus pures, les plus régulières, les plus parfaites, dans la composition duquel il n'entre d'autre substance que du carbone pur à l'exclusion de tout autre corps connu et signalé par la science, et qui se trouve toujours placé au milieu d'autres minéraux dont l'existence et la composition sont entièrement étrangères à celles du corps d'élite auquel ils servent de manteau. On peut y ajouter la formation des agates, des onyx que nous voyons, pour ainsi dire, naître et s'accroître sous nos yeux; des cristaux qui tapissent l'intérieur des géodes et tous les autres corps, constitués ou non, que l'on voit dans la nature se substituer les uns aux autres.

Ce mode d'envisager les phénomènes fait disparaître bien des absurdités, bien des impossibilités, bien des disputes, bien des discussions inutiles sur les résultats desquelles on n'est pas plus avancé aujourd'hui que le premier jour où on les a élevées. Les causes auxquelles j'attribue tous ces immenses résultats paraîtront sans doute bien faibles, eu égard aux grands bouleversements dont l'observation de l'état actuel du globe terrestre nous fait partout apercevoir les traces. Mais il ne faut pas oublier qu'il n'en est pas de l'existence des univers comme de la nôtre propre, et qu'au milieu de l'accumulation des siècles le temps ne compte pour rien dans l'accomplissement des desseins du grand ordonnateur de toutes choses, tandis que c'est à peine si nous y occupons un point imperceptible, auquel cependant il est dans notre nature de vouloir tout rapporter comme si nous étions nous-mêmes le centre autour duquel tous les secrets que Dieu a voulu cacher à nos regards se trouvent coordonnés. Bien persuadés de ces vérités, il ne sera plus difficile de comprendre comment une cause, quelque faible qu'elle soit, que nous voyons constamment et toujours agir sous nos yeux, peut, avec le temps, égaler et surpasser les effets les plus grands et les plus extraordinaires qui sont le résultat de ce que la nature et les efforts les plus puissants du génie de l'homme peuvent produire instantanément. Dans tous les cas que je viens de citer, et autres analogues, les agrégations de molécules errantes dans l'espace, en exerçant leurs actions sur les corps constitués qui se rencontrent sur leur passage, et obéissant à leurs attractions réciproques, chassent de leurs combinaisons, pour se substituer à leur place, les éléments constituants de ces corps, lorsque ces corps se trouvent dans des conditions telles que cet échange est une suite nécessaire et obligée de leurs conditions particulières d'existence. Il arrive alors, comme conséquences de ces substitutions, des variations analogues dans les formes, la composition, la densité, et autres propriétés physiques et chimiques de ces corps dont l'expérience, à chaque instant, nous démontre l'instabilité.

Le frottement répété et longtemps continué, au moyen duquel on obtient le polissage des corps, a aussi pour résultat de faire varier leurs propriétés physiques en leur en communiquant d'autres qu'ils ne possédaient pas auparavant. En effet, les molécules matérielles en se constituant dans des conditions de nature à donner naissance à des corps solides, ne s'arrangent pas toujours de manière à former des cristaux d'une certaine étendue, orientés dans le même ordre autour d'un centre commun ou de l'axe principal, doués de transparence ou d'opacité, dont les faces planes, régulières, et exemptes d'aspérités, jouissent de la propriété de réfracter ou réfléchir la lumière, et autres conditions inhérentes à la nature et à la constitution physique de ces corps ; attributs que la science a étudiés et à la connaissance desquels elle est parvenue.

Les cristaux réguliers d'une certaine étendue, sont ordinairement le résultat d'une formation lente et graduée, qui permet aux molécules élémentaires de ces corps de venir s'arranger successivement d'une manière symétrique, dans le même ordre qui existait à l'époque où le premier noyau auquel elles doivent leur origine a commencé à se constituer. Mais, lorsque la cristallisation des corps solides s'opère instantanément ou avec une grande promptitude, les molécules qui composent les corps n'ont souvent pas le temps qui leur eût été nécessaire pour former des cristaux réguliers dont les surfaces, formées de nappes miroitantes, réfractent ou réfléchissent la lumière d'une manière régulière. Ces corps, à leurs surfaces, présentent alors des inégalités et des aspérités que le polissage fait disparaître, en mettant en contact les parties les plus saillantes des surfaces de ces cristaux, et les rapprochant assez pour que la distension devienne prépondérante sur l'attraction et détermine leur diffusion dans l'espace jusqu'à ce que la surface entière soit ramenée au parallélisme.

XX

Lorsque les corps solides dont la cristallisation est irrégulière, se trouvent ainsi ramenés artificiellement à présenter des surfaces dont les éléments sont tous coordonnés d'une manière symétrique et régulière, que ces surfaces réunissent naturellement ces conditions, ou bien qu'elles sont, comme dans les liquides, orientées naturellement parallèlement à l'horizontale, par l'effet de la pesanteur qui tend à mettre de niveau toutes les parties des liquides soumis à son action, ces corps exercent sur les agrégations matérielles qui, affluant de toutes les parties de l'espace dans des directions parallèles, viennent à traverser ces corps ou à passer dans leur voisinage, des actions égales, de même ordre, qui les font toujours dévier de leur direction primitive, et leur font éprouver des perturbations proportionnelles à leurs

masses et aux vitesses dont elles sont animées. Lors donc
qu'une agrégation de molécules μ qui se trouve dans les conditions de produire, sur nos yeux, l'impression de la lumière
rouge, par exemple, s'approche de la surface d'un corps cristallin,
opaque ou diaphane, outre la première déviation qu'éprouve
cette agrégation ou amas de molécules en mouvement, par
suite de l'action qu'exercent sur elle ceux des éléments analogues qui se trouvent sur son passage, cette agrégation obéit
encore à une autre action dépendante de la masse entière du
corps. Cette action agit sur cette agrégation avec d'autant plus
d'énergie que l'angle sous lequel elle pénètre dans l'intérieur
des corps est plus grand, puisque la partie de la masse de ce
corps, dont le centre d'action attire le rayon de ce côté, devient
de plus en plus prépondérante sur le côté opposé, à mesure que
le sinus de l'angle qui mesure l'inclinaison du rayon incident
sur cette surface augmente.

Or, il résulte de la constitution moléculaire des corps, telle que
je viens d'en définir les conditions, que lorsque les agrégations
lumineuses ou autres analogues s'approchent de la surface de ces
corps ou pénètrent dans leur intérieur sous un angle très-petit,
les premières molécules qui se rencontrent sur leur passage exercent seules leur action sur ces agrégations pour faire varier les
éléments des courbes du second degré qu'elles décrivent. Si la
nature du corps est telle que les cristaux qui forment les éléments de ce corps présentent des nappes d'une certaine étendue, que l'ensemble de ces cristaux se trouve coordonné de
manière à former des surfaces unies dans un même plan, il
arrive que les agrégations composées de μ venant de l'espace,
n'éprouvent dans leur marche que des déviations, mesurées
par des angles égaux et symétriques de chaque côté du cristal
élémentaire constituant la surface qui produit cette déviation,
d'où résulte la réflexion du rayon. Mais si l'agrégation, après
avoir pénétré dans le corps, s'y enfonce assez profondément
pour éprouver l'influence de la masse entière qui le compose,
cette agrégation se trouve attirée dans son intérieur et déviée
de sa marche, jusqu'à ce que les attractions croissantes qui la
séparent des centres d'action qui exercent leurs actions sur
elles soient devenues sensiblement égales. Elle continue alors
sa marche dans l'intérieur du corps, en n'éprouvant de la part
des molécules qui composent ce corps que des actions égales et
opposées qui ne sont pas de nature à la faire dévier de sa direc-

tion, et elle en sort avec une déviation dans sa marche égale à celle qu'elle avait éprouvée en y entrant.

Or, ce sont les résultats de ces diverses actions, et l'influence qu'elles exercent sur la marche des rayons lumineux formés par ces agrégations, qui constituent et caractérisent les phénomènes de la réfraction. Les courbes du second degré, décrites par les agrégations errantes de molécules α qui se trouvent déviées de leur route, lorsqu'elles viennent à traverser les systèmes des molécules m des corps susceptibles de réfracter ou de réfléchir la lumière, changent subitement de forme lorsque les conditions qui sont de nature à produire ces changements se trouvent remplies. C'est ainsi que telle inclinaison d'un rayon lumineux incident et une disposition cristalline des agrégations de molécules m qui, en exerçant leurs actions sur ce rayon, seraient aptes à déterminer ce même rayon à être réfléchi et à accomplir sa révolution dans une ellipse dont la molécule m, qui a déterminé cette déviation, occuperait un des foyers, se trouve réfractée en décrivant une hyperbole, lorsque la condition nécessaire, et de nature à déterminer le passage de cette courbe d'un état à l'autre, savoir, que l'ordonnée qui passe par le foyer de la courbe soit égale à quatre fois la longueur de l'abscisse correspondante, se trouve accomplie.

La distension agit de la même manière, et en suivant les mêmes lois, sur les liquides et les gaz, et y produit des phénomènes analogues à ceux qu'elle détermine chez les corps solides. L'action exercée par les α sur les systèmes constituant les corps à tous les états, est assujettie à éprouver, par suite de diverses causes qui nous sont encore inconnues, des variations très-étendues dont il est impossible dans l'état actuel de la science, de fixer les limites. Ces actions sont, en général, d'autant plus puissantes que les différences de densité des corps sur lesquelles elles s'exercent sont plus grandes ; mais, comme les effets qui en résultent sont subordonnés à des maxima et à des minima résultant de conditions dépendantes de fonctions différentielles qui nous sont complètement inconnues, il est impossible d'espérer de prédire ce qui arrivera dans des circonstances données, et l'on se trouve encore réduit ici, comme dans tant d'autres cas analogues, à faire appel et à s'en rapporter aux enseignements de l'expérience. L'élévation du niveau de l'eau dans les tubes capillaires ou entre deux plaques, ainsi que l'élévation presque indéfinie du mercure dans des tubes de n'importe quelle substance, lorsqu'on est parvenu à mettre ce métal en contact immédiat avec ces corps, en fonction du diamètre des tubes ou de la distance qui sépare ces corps, ces élévations s'expliquent en observant que les molécules p déterminent les molécules m, dont les agrégations constituent les corps à tous les états, à s'éloigner du centre de gravité et à se réunir pour former une seule et même masse avec ceux de ces corps en présence desquels ils se trouvent. Ce sont ces mêmes actions qui déterminent deux gouttes d'eau suffisamment rapprochées, deux petits corps flottant sur l'eau, à se réunir; il est probable que ces mêmes effets ont aussi lieu et se reproduisent dans les ondes fluides qui se traversent et se superposent mutuellement les unes les autres; mais, comme elles sont généralement douées d'un mouvement considérable de translation, ces mouvements doivent dominer ceux de la distension de manière à en rendre les effets insensibles et inappréciables.

Dans d'autres cas, comme celui de l'expérience de M. Boutigny, qui a pour résultat de constater la persistance des globules d'eau qui se maintiennent à l'état liquide dans une capsule de platine chauffée au rouge blanc, la vitesse des p est tellement considérable que ces molécules traversent les systèmes des m qui constituent les globules de l'eau, sans leur faire éprouver aucune action, parce qu'alors les conditions de maxima qui sont de nature à déterminer les effets de la distension ne se trouvent pas réalisées de manière à déterminer le phénomène de l'évaporation.

XXI.

Si l'on passe de ces considérations à celles qui se rapportent aux gaz, la réflexion amènera à constater que la distension semble généralement agir sur ces corps, d'une manière d'autant plus forte et plus énergique, que les agrégations matérielles auxquelles ces mêmes corps doivent leur existence, sont moins liées entre elles, plus indépendantes, diffèrent davantage en densité et par leurs autres propriétés physiques les unes des autres. Ces présomptions sont fondées, et se trouvent étayées par ce fait, que la distension, ou la chaleur si l'on veut, agit avec une grande énergie et exerce des actions que l'on peut considérer comme presque indéfinies sur les gaz. Il est évident que la loi de la dilatation des gaz est une fonction de la distension qu'exercent les μ sur les agrégations de molécules qui constituent les corps à cet état ; mais pour connaître cette loi, liée à la connaissance de la constitution atmosphérique et des réfractions astronomiques, et prédire les circonstances qui accompagnent la production de ces divers phénomènes, il faudrait des connaissances plus avancées que celles auxquelles est encore parvenue actuellement la science.

Plusieurs faits isolés commencent, cependant, à jeter quelques lumières sur les principes encore inconnus, ou peu observés et peu étudiés jusqu'ici, de l'action qu'exercent les gaz sur les métaux à des températures très-élevées. Je citerai à cet égard les expériences si intéressantes de M. Sainte-Claire Deville, dont ce savant a publié les résultats détaillés dans un mémoire qu'il a lu à la séance de l'Académie des sciences le 18 juillet 1864. Dans ces expériences, M. Sainte-Claire Deville, en donnant suite aux premiers essais de M. Graham, a démontré qu'en chauffant au rouge blanc deux tubes, l'un intérieur en fer rempli de gaz azote, l'autre en porcelaine enveloppant le premier, en laissant entre ces deux tubes un intervalle annulaire dans lequel on faisait pénétrer du gaz hydrogène à la même tension que celle de l'azote, le gaz hydrogène traversait le tube en fer pour venir se réunir à l'azote et ajouter sa tension à la sienne en augmentant de moitié celle des deux gaz réunis.

Il me paraît que l'on peut parvenir à trouver l'explication de ces faits, en considérant quels sont les résultats qui doivent être déterminés par la nature, les propriétés et le mode d'existence de ces deux gaz. En effet, l'azote, par suite de sa plus grande densité, semble devoir résister plus énergiquement que l'hydrogène à l'action des μ, soit à l'effluve de chaleur qui tend à lui faire traverser le tube incandescent dans lequel il est renfermé, tandis que la faible densité et le peu de cohésion des éléments qui constituent le gaz hydrogène laissent présumer que l'action de ces agents, sur ce gaz, doit être beaucoup plus puissante pour produire ces mêmes effets. On sait que la pesanteur spécifique de l'hydrogène est treize à quatorze fois moins considérable que celle de l'azote, et l'on en peut induire que l'action de la distension ou de l'effluve calorifique à laquelle ils sont soumis l'un et l'autre, agit sur eux en raison inverse de ces nombres pour leur faire traverser le tube de fer incandescent qui les sépare. Ces deux gaz se trouvent alors en présence l'un de l'autre dans le tube intérieur, et y contractent probablement quelques-unes de ces mystérieuses adhérences dont il n'est pas donné encore à la science de pénétrer le secret. On peut croire qu'alors les nouveaux liens, qui sont la suite de ces mélanges ou de ces combinaisons, résistent plus que ne le faisaient les gaz isolés aux actions des u qui sollicitaient ces gaz à se diffuser dans l'espace en traversant les parois du métal dans lequel ils se trouvaient enfermés.

Les actions exercées par les agrégations lumineuses sur les corps de diverses formes, de divers volumes, de diverses densités qui rencontrent ces corps sur leurs passages sont infinies! Lorsqu'un rayon de lumière blanche a passé dans le voisinage ou très-près d'un autre corps qui a exercé une action quelconque sur lui et qu'on reçoit ce rayon à une grande distance sur un écran après avoir été ou non réfracté, réfléchi, dispersé, polarisé, etc., il n'est pas sortes d'apparences fantastiques qu'il ne présente, diversité de formes, de couleurs, la multiplication des images qui affectent des phases variées, toutes plus étranges les unes que les autres. Les faisceaux d'agrégations matérielles, auxquelles ces rayons doivent leur existence, après avoir été séparés sous de très-petits angles tendent à se réunir de nouveau, par suite des actions qu'ils exercent les uns sur les autres, en sorte que les impressions produites par ces objets n'arrivent à nos yeux que d'une manière confuse ou déformée. Ce sont tous ces phénomènes qui se produisent, et se traduisent sur nos sens, par la scintillation des étoiles, lorsque les rayons lumineux qui nous arrivent des corps célestes en traversant les espaces intra-stellaires, y éprouvent des perturbations de la part des corps auprès desquels ils passent. Il résulte de ces divers effets des déviations qui font arriver les rayons de lumière à nos yeux, dispersés sous des angles assez grands pour permettre à notre rétine de les apprécier, ce qui ne pourrait avoir lieu à cause de l'extrême petitesse de l'angle qui sous-tendrait sur la rétine un trop petit espace, pour produire sur elle l'impression nécessaire à la perception de ces corps, quelque lumineux et brillants qu'ils soient.

XXII.

Le phénomène si intéressant des anneaux colorés, vient confirmer plus encore les autres considérations que j'ai fait valoir pour attribuer aux mouvements des molécules matérielles, toute cette grande série de faits dont la science actuelle a cru devoir faire une classe à part, pour en attribuer l'explication à des causes différentes de celles qui régissent l'univers entier ; en sorte qu'en écoutant les discours ou lisant les ouvrages de ceux qui prêchent ces singulières et incompréhensibles doctrines, on croirait être transporté dans un monde nouveau soumis à des lois complétement étrangères à celles si simples, si naturelles, si aisées à percevoir et à classer dans sa mémoire, qui régissent tous les êtres créés !

Aujourd'hui, une foule de faits nouveaux, inconnus aux époques où le système des ondulations a pris décidément le dessus, se trouvent acquis à la science et créent des armes irrésistibles pour saper une théorie dont le règne a été malheureusement assez long pour fausser tous les esprits ! C'est ainsi que la puissance mécanique obtenue au moyen de l'électricité, le transport, en grandes masses et en nature, de corps constitués à travers les espaces qui séparent les conducteurs de l'électricité ; ces mouvements divers imprimés à la matière par les courants électriques, à tous les états, sous toutes les formes ; la considération des actions moléculaires qui se prête avec une si admirable facilité à donner des explications simples, claires, aisées à concevoir et à exprimer de tous ces phénomènes, en faisant usage pour les expliquer de tous les calculs, de toutes les formules pour l'emploi desquelles la science s'était crue obligée d'inventer un agent nouveau. Tous ces faits, dis-je, démontrent, jusqu'à l'évidence, que le moment est enfin venu de reléguer la théorie de l'éther et des impondérables au rang des utopies qui ont pu séduire les esprits, dans un moment où les faits observés faisaient défaut à la science pour lui faire distinguer le vrai du faux.

Mais ces écarts de l'esprit humain n'ont qu'une existence limitée et disparaissent du code des connaissances humaines aussitôt que leur invraisemblance et leur absurdité se trouvent démontrées et mises au jour, par la découverte de faits nouveaux ignorés jusque-là qui viennent démontrer la nécessité de substituer de nouvelles théories aux hypothèses déchues et forcément abandonnées, théories destinées souvent elles-mêmes à se trouver remplacées par d'autres qui font partager à ces dernières le sort de celles qu'elles avaient détrônées. C'est ainsi que nous avons vu successivement briller et tomber ensuite dans l'oubli et le mépris, l'idée de la prétendue liaison des destinées de

l'homme avec les positions respectives des astres au moment de
sa naissance; la prétention des alchimistes de découvrir, sous
le nom de pierre philosophale, une panacée universelle au
moyen de laquelle il serait possible de prolonger indéfiniment
la vie humaine et de transmuter en or, à volonté, tous les corps
existants dans la nature; l'inqualifiable fatras sur lequel fut
basé, à une époque déjà reculée, le mode d'envisager le mécanisme du mouvement des planètes autour du soleil, qui fit dire
à Alphonse roi d'Aragon, qui, demandant aux astronomes de
son temps de lui expliquer leurs idées à ce sujet, et voyant leurs
hésitations, leurs incertitudes et l'obscurité de leurs opinions et
de leurs discours, les interrompit pour leur dire que si Dieu
l'avait appelé à son conseil lorsqu'il créa le monde, il pensait
qu'il lui aurait donné de bonnes idées pour faire les choses
mieux qu'elles n'étaient! ou bien la théorie de Scheele sur le
phlogistique, que, faute de mieux, mais avec plus d'esprit et de
raison, ce chimiste avait inventée pour expliquer les phénomènes
de la combustion et de l'oxydation des métaux, etc., etc.

On peut ajouter à cette longue nomenclature d'autres erreurs
encore debout, et entre autres celle professée par Poisson, dans
son *Traité de mécanique*, qui n'a été jusqu'ici contredit que par
mon oncle Montgolfier et par moi après lui, que le temps du
choc des corps entre eux est si petit, qu'on peut en faire abstraction, le regarder comme nul, et considérer la communication
du mouvement qui en est la conséquence comme instantanée
et proportionnelle aux vitesses! Idée risible de la part d'un grand
géomètre inféodé à la théorie du calcul différentiel et intégral,
qui, gravement, anéantit d'un seul mot toutes les phases variables
d'un espace de temps visible, tangible, apparent, en lui refusant
le caractère du mouvement varié qu'il possède éminemment,
tandis qu'il reconnaît, et admet implicitement, que les différentielles des ordres les plus élevés renferment en elles le caractère
de la variation, et sont empreintes de ce caractère.

Une autre assertion non moins hasardée est celle qui a été
mise en avant et propagée par Carnot, Laplace, Poisson et tous
leurs contemporains, savoir : « que toutes les fois qu'un corps
« en mouvement n'éprouve pas des changements brusques dans
« la direction, il conserve toute la vitesse et par conséquent toute
« la quantité de mouvement dont il était pourvu; mais que dans
« le cas contraire et lorsqu'il est dévié brusquement de sa route
« par suite d'une cause quelconque, il perd une certaine quan-

« tité de cette même vitesse proportionnelle à l'intensité de la
« cause qui a agi sur lui pour changer la direction de son mou-
« vement. »

Dans l'exposition du système du monde, Laplace partage implicitement toutes ces erreurs, en disant « que le cas où plu-
« sieurs corps en repos dans l'espace et à distance, soumis à
« leurs seules influences et exerçant leurs actions attractives les
« uns sur les autres, finiraient par former une masse immobile
« au centre commun de gravité, est infiniment peu probable ! »
Et l'on ne peut, en lisant les ouvrages de Newton, se défendre
de l'idée que lui-même ne partageât une erreur sous l'empire de
laquelle se trouvaient tous ses contemporains, parce que, sans
doute, les éléments nécessaires à la résolution de cette question
faisaient défaut alors, ou bien qu'il les trouvait trop incomplets
et insuffisants pour se décider à appliquer à un sujet, cependant
si intéressant, les vastes ressources de son esprit éminemment
juste et droit.

Newton, aux regards profonds duquel rien n'échappait, pos-
séda éminemment la philosophie de la science qu'il fit marcher
à pas de géant pendant toute sa vie, laissant loin derrière lui
tous ses contemporains. A la faculté qu'il possédait au plus
haut degré d'éclairer les questions les plus ardues dont la solution venait se présenter à son esprit, se joignait chez lui
l'aptitude de résoudre analytiquement les questions, dont la
démonstration ne pouvait être complétée que par l'emploi de
l'analyse infinitésimale dont il avait si victorieusement doté la
science, et qu'il avait pris de suite l'habitude de manier avec
tant d'habileté ; et s'il était venu à la pensée de Newton, comme
il est arrivé à Biot à qui il semblait avoir légué la continuation
de son génie, que les molécules, comme les corps célestes, sont
douées de la force attractive proportionnelle aux masses, et réciproque aux distances, il aurait avancé de plus d'un siècle l'époque où ceux qui devaient le suivre dans la carrière que lui
seul avait parcourue à pas de géant avec tant de gloire, ont mis
au jour et tiré les conséquences de cette grande vérité.

Laplace, chef de la célèbre école analytique qui domine actuellement la science, fut un grand géomètre ! Il a reculé les
bornes de la puissance du calcul au delà des limites auxquelles
l'homme pouvait raisonnablement espérer d'atteindre ; au
moyen de sa sublime analyse il a démontré, jusque dans leurs
dernières limites, quelles étaient les conséquences des prin-

cipes invariables qui avaient été posés et établis d'une manière inattaquable par Newton. Mais il ne faut pas se dissimuler qu'en acceptant les données qui lui avaient été léguées par le grand maître son illustre devancier qui l'avait précédé dans cette sublime carrière et auquel il croyait, avec juste raison, devoir accorder une parfaite confiance, Laplace a ouvert un champ et donné un exemple funeste à des savants souvent d'un haut mérite et d'un incontestable talent, qui, se croyant appelés à marcher sur ses traces, ont consacré leur temps, leurs veilles et leurs capacités à résoudre des questions oiseuses et à créer, sous le nom de mécanique rationnelle, une science spéculative sans objet, en contradiction avec les faits, basée sur des principes faux et ne pouvant avoir d'autre but, de leur aveu même, que de conduire à des résultats que l'expérience, ce critérium de toute vraie doctrine, ne vient pas confirmer.

Toutes ces vérités, du reste, ressortent de la manière la plus évidente de la discussion qui eut lieu le 19 janvier 1857, entre les membres de l'Académie des sciences les plus éminents et les plus aptes par leur mérite et leur savoir à trancher de pareilles questions. Il est évident que la marche de l'esprit humain vers le progrès restera stationnaire autant de temps que cet état de choses se perpétuera, et que la science officielle persistera à repousser sans examen, tout ce qui n'est pas inscrit dans le code qu'elle a adopté comme la limite de ce qu'il est défendu à l'entendement humain de dépasser. Et c'est en gardant le mutisme sur les plus belles conceptions des hommes de génie qui honorent notre époque, autant de temps que durera la phase si funeste à l'avancement des sciences que nous traversons en ce moment, que les partisans des vieilles doctrines usées et surannées espèrent perpétuer un état de choses sur lequel déjà la lumière brille de toutes parts d'une manière si éclatante. Cette manière de substituer des idées préconçues aux faits, des opinions formées d'avance en contradiction avec les enseignements de l'expérience, et de se borner à considérer la science comme appelée seulement à déterminer, dans des limites vraies ou fausses, les enseignements qui forment le fonds commun sur lequel elle s'exerce, prolonge le règne et perpétue le triomphe d'un état de choses déplorable dont gémissent les savants auxquels on prétend imposer ces utopies comme les limites de ce que leur capacité ne doit ni ne saurait dépasser.

Sans doute l'on ne peut affirmer d'une manière absolue que

parmi toutes les idées que fait éclore chaque jour les progrès toujours croissants de l'esprit humain, il n'en existe pas qu'un avenir, encore plus éclairé que celui où se trouve actuellement la science, démontrera être hasardées et fausses. Mais il en est d'autres, incontestables, dont il n'est pas permis de nier l'évidence, et s'il restait à cet égard quelque doute, que l'on se reporte à la leçon qu'a donnée le 27 février 1857, à *Royal Institution*, le célèbre Faraday, l'esprit le plus droit et le plus éclairé que possède l'Angleterre, et peut-être même le monde savant tout entier! « Si le principe de la conservation de la force vive « est vrai, et il n'est presque plus personne qui le conteste au- « jourd'hui, on ne doit admettre aucune hypothèse, aucune « affirmation d'un fait même accrédité qui en serait la négation. « Toute manière de voir en désaccord ou incompatible avec ce « principe doit être rejetée ; certaines hypothèses sans être « fausses peuvent, dans l'état actuel de la science, ne pas pou- « voir se concilier avec lui, ou du moins, on ne peut pas aper- « cevoir actuellement le lieu de la conciliation, mais si elles « lui sont opposées ou si elles le contredisent elles sont par là « même condamnées.

« La vérité de ce principe une fois admise, c'est un droit, « c'est un devoir que d'en poursuivre implacablement les « conséquences, dussent-elles nous conduire à renverser de « fond en comble les doctrines les plus généralement vénérées « et aimées, consacrées à la fois par le génie et la tradition de « plusieurs siècles de gloire. »

XXIII.

Newton, doué d'un génie aussi vaste qu'il avait le jugement éclairé et à qui rien n'échappait, vit de suite, en observant et en faisant une étude particulière du phénomène des anneaux colorés, que c'était là que se trouvait placé le nœud gordien qu'il fallait délier pour parvenir à créer une théorie de l'optique qui rendit compte et donnât explication des phénomènes si variés qui sont le résultat de la division du faisceau de la lumière blanche, et les divers aspects sous lesquels les divers rayons qui le composent se présentent à nos yeux lorsqu'ils y arrivent isolés les uns des autres, théorie à laquelle il n'a pu être rien ajouté après lui.

Les diverses séries d'anneaux colorés, réfléchis ou réfractés suivant l'épaisseur de la couche d'air du menisque formé par la superposition de deux calottes sphériques d'un grand rayon, et la mesure du sinus verse des arcs interceptés, en fonction de la distance de ces points à celui du contact des deux sphères, permit au sublime physicien de déterminer à quelle épaisseur de la couche d'air répondait chaque phase du phénomène, et les nombres donnés par Newton sont bien ceux en effet que les partisans de l'éther, ne pouvant espérer de mieux faire, ont été heureux de trouver et d'accepter pour les accommoder à leur nouveau système.

Suivant les idées que j'ai émises, ces nombres représentent bien aussi les rapports de grandeur qui existent entre les agrégations de molécules m, susceptibles de dévier les rayons lumineux formés par la réunion des molécules μ et de déterminer chaque espèce de ces agrégations à décrire soit des ellipses en déterminant la réflexion, soit des hyperboles qui donnent la réfraction. Mais on voit de suite que les dimensions de ces agrégations, susceptibles de pouvoir être désignées par des nombres commensurables avec des quantités susceptibles d'être exprimées par les moyens dont nous faisons usage habituellement pour apprécier les quantités, doivent contenir un nombre d'éléments tels que tous les corps qui peuplent l'espace que nous pouvons apercevoir ou dont nous pouvons nous faire l'idée, dans les bornes du fini, ne sont rien en regard de quantités qui ne peuvent être désignées que par des moyens qui dépassent et sont au-dessus de toutes les ressources de notre imagination.

On comprend de suite, d'après le système exposé par Newton, et celui auquel je me suis rattaché d'après lui, comment une double, une triple série d'agrégations de molécules m peut déterminer sur des molécules matérielles analogues μ agrégées ensemble, des résultats qui simulent tous les phénomènes de la réfraction et de la réflexion, en faisant varier les angles sous l'étendue desquels se présentent ces diverses séries de phénomènes, et rentrer ainsi de toutes pièces dans les différentes combinaisons qui sont dues au génie de Newton. Idée sublime qui fut ensuite si bien développée par son célèbre successeur et continuateur, le grand Biot!

XXIV.

Je vais passer actuellement à l'examen de la célèbre question des interférences sur laquelle s'est principalement appuyée la théorie de l'éther et des impondérables pour se constituer et se propager, et faire voir que les bases sur lesquelles elle s'étaye si péniblement, se trouvent en pleine opposition et en contradiction flagrante avec les lois du mouvement qui régissent l'univers entier; et que l'explication de ces phénomènes, comme celle de tous les autres phénomènes analogues, vient se ranger de la manière la plus simple, la plus facile, la plus évidente et la plus naturelle dans la grande catégorie des actions réciproques que les molécules matérielles exercent les unes sur les autres, de la même manière et suivant les mêmes lois que tous les autres corps formés par les agglomérations et les combinaisons de ces mêmes molécules.

Je consultais M. Biot, vers l'année 1828, sur l'opinion qu'il s'était formée des deux systèmes en présence l'un de l'autre, de l'émission et des ondulations, et lui demandais quel était celui auquel il pensait qu'il était le plus naturel d'accorder la préférence et de se rattacher provisoirement, comme étant l'expression la plus rationnelle de l'explication des faits, dans l'état où se trouvait alors la science. Il me répondit, alors, qu'il considérait les deux systèmes comme marchant parallèlement ensemble à peu près d'un pas égal dans la voie du progrès, et comme ayant sensiblement les mêmes probabilités d'être l'expression de la vérité. Que le système des ondulations se trouvait dans une phase où il paraissait avoir devancé celui de l'émission; mais qu'il ne regardait nullement ce succès momentané comme une victoire assez décisive pour fixer d'une manière définitive l'opinion de la science sur une question qu'il considérait comme l'une des plus compliquées et des plus difficiles à résoudre de la physique. Que, dans son opinion, la condition essentielle et sans laquelle le système de l'émission ne pouvait se soutenir, mais à laquelle aussi se trouvait liée la plus grande probabilité de ce système d'être l'expression de la vérité, était que toutes les molécules lumineuses partant du foyer se trouvassent émises séparément et cheminassent à des intervalles mathématiquement égaux. Or telles sont précisément les conditions, auxquelles m'ont conduit les considérations dans lesquelles je suis entré pour faire reprendre son rang, et regagner le retard qui s'était opéré pendant trop longtemps, dans la marche du système de l'émission. Il ne me paraît donc plus possible de pouvoir révoquer en doute, et de nier la vérité d'un mode d'envisager les phénomènes qui se trouvent si intimement liés à cette immense masse de faits nouveaux dont les savants et infatigables expérimentateurs qui honorent tant l'époque où nous vivons, ont su enrichir la science par leurs immenses et si intéressants travaux.

Les partisans du système des ondulations établissent leur croyance sur ce que, suivant eux, les ébranlements produits par un foyer comme le soleil ou toute autre source d'où émane la lumière, se communiquent et mettent en vibration un fluide ambiant de leur création auquel ils ont donné le nom d'éther. Et que ces vibrations se propagent de proche en proche par des ondes circonscrites entre certaines limites, dont le phénomène des anneaux colorés a permis à Newton de déterminer les dimensions.

Dans l'opinion des adeptes de ce système, l'éther remplissant l'univers entier dans un état complet d'immobilité, est susceptible d'éprouver dans tous les sens comme l'air, des contractions et des dilatations qui, dans leurs évolutions successives, amènent les éléments de l'onde du fluide éthéré, tantôt au maximum de la vitesse qu'ils sont susceptibles d'acquérir par la nature même des phénomènes que l'onde est destinée à produire, et tantôt ramènent ces mêmes éléments à l'état de repos.

A ces premières bases, les partisans de ce système ajoutent que, lorsque les mouvements de deux ondes lumineuses émanant de diverses sources viennent à coïncider en se propageant dans le même sens, il en résulte une augmentation de lumière qui éclaire plus vivement les objets qui se trouvent compris dans la limite de ce qu'indiquent les calculs; tandis que, lorsque les rencontres des ondes du fluide éthéré ont lieu dans des directions opposées, elles se détruisent réciproquement, que leur mouvement se trouve annihilé, anéanti, et les objets placés vers ces points se trouvent privés de lumière.

Les calculs, au moyen desquels on établit les circonstances de ces divers mouvements et de ces rencontres, sont basés sur un petit artifice analytique qui a pour résultat de déterminer, pour un point dont la distance à deux foyers d'où émane la lumière est connue, quelle sera la nature du mouvement des deux ondes qui viennent coïncider à ce point à un moment donné.

Or, les résultats des calculs se sont parfaitement accordés dans tous leurs détails, avec les résultats de l'expérience et toutes les circonstances qui accompagnent et caractérisent les phénomènes ; ils sont même allés au-devant dans la plupart des cas, et ont permis de prédire ce que l'expérience ensuite est venue confirmer.

Tout ce qui a été fait jusque-là est évidemment l'œuvre d'hommes de génie et de savants éminemment distingués, qui, avec un grand talent et un rare bonheur, ont su découvrir les lois qui régissent les phénomènes de l'optique, qui constitue la plus intéressante partie de toute la physique. Mais l'on ne peut s'empêcher de déplorer que, dans l'enthousiasme si naturel qu'avaient dû éprouver ces savants émérites, auteurs d'une si grande et si importante découverte, ils soient tombés dans une grande et étrange contradiction en faisant servir de base aux calculs qui les avaient conduits à la vérité, une supposition étayée sur une erreur.

Oubliant que ces mêmes calculs pouvaient aussi bien être appliqués et ressortir de toute autre cause, et en particulier du système de l'émission produit du génie le plus vaste dont l'humanité jusqu'ici a eu la gloire de s'honorer, ces savants n'ont pas vu que ce système n'avait besoin, pour remplir ce brillant rôle, que de subir les légères modifications qu'un examen attentif m'a fait reconnaître devoir y être apportées. Or, il est arrivé cependant, que, confondant les erreurs dont étaient entachées les bases sur lesquelles était établie la vérité de ces calculs, avec l'exactitude qui caractérisait les résultats de l'observation des faits lorsqu'on employait pour les prévoir ces mêmes calculs, l'on a présenté et imposé à la science ce bizarre assemblage comme un corps de doctrine, dont les divers éléments inséparables les uns des autres, formaient une théorie complète et inattaquable sur aucun de ses points. Et, d'autre part, les intelligences médiocres qui étaient parvenues, non sans peine, à s'initier à des connaissances qui les plaçaient, à leurs propres yeux dans les rangs les plus élevés de la science, ont considéré comme un véritable mérite, une preuve de capacité, leur aptitude à comprendre et déterminer analytiquement les circonstances qui accompagnent l'émission et la rencontre dans l'espace, de plusieurs ondes lumineuses provenant de centres dont les positions respectives sont connues et déterminées.

XXV.

Pour vaincre l'éloignement si naturel que l'on éprouve à adopter les idées que j'ai émises sur l'énorme densité que j'ai attribuée aux molécules matérielles, et sur l'extrême rapprochement auquel se trouvent les uns des autres les éléments des corps formés par les agrégations de ces mêmes molécules, il faut bien se rappeler que les conditions sur lesquelles je me suis basé sont toutes en parfait accord avec les opinions qui ont été émises par les plus célèbres physiciens qui ont jusqu'à ce jour été considérés à juste titre, comme les maîtres de la science, et qui la dominent encore aujourd'hui. Et l'on peut, dès lors, se faire une juste idée de l'énergie avec laquelle les molécules doivent agir les unes sur les autres.

Les molécules matérielles venant de l'espace distendent et détachent à chaque instant du soleil les agrégations de ces mêmes molécules sous la forme de rayons lumineux, calorifiques, électriques, lesquelles se diffusent dans l'espace dans toutes les directions. Tant que ces agrégations voyagent ensemble, sans exercer aucune action les unes sur les autres par suite de la régularité de leur émission, et que les distances qui les séparent n'éprouvent aucune altération, ces agrégations affectent nos organes avec une régularité parfaite en leur faisant éprouver et apprécier les effets de la chaleur, de la lumière blanche, et les manifestations électriques d'une manière continue, qui produit sur nos sens toujours les mêmes impressions. Mais dès que les intervalles, toujours très-considérables, en égard aux espaces qu'occupent ces agrégations, se trouvent altérés par suite d'une cause quelconque, elles agissent les unes sur les autres avec d'autant plus d'énergie que les distances qui les séparent deviennent de plus en plus petites, tout en obéissant aux résultantes de ces diverses actions relatives aux masses et réciproques aux distances.

Ces actions attractives s'exercent entre les agrégations de molécules, en obéissant à la loi de l'attraction suivant un mode et dans des circonstances dont non-seulement nous ne connaissons pas les premiers éléments, mais dont l'existence est même encore complétement cachée à nos yeux.

Ces lois reçoivent leur exécution en grand, partout où s'opé-

rent des combinaisons qui donnent naissance aux divers corps
existants dans la nature. Nous parvenons quelquefois à prédire,
par analogie, quels seront les résultats des actions qu'exercent
entre eux les éléments matériels dont la réunion et les combinaisons constituent les corps qui sont les produits de ces alliances. Ces corps se présentent alors à nous, à tous les états,
sous tous les aspects, sous toutes les formes qui constituent les
mille caractères, les mille illusions que produit la matière sur
nos sens, dans l'infinité d'évolutions diverses qui sont la suite
et les résultats des instincts attractifs dont Dieu a voulu ainsi
doter les molécules matérielles auxquelles il a attribué le
grand rôle de devenir les principes constitutifs de tout ce qu'il
a créé dans l'univers.

C'est en observant les résultats de ces lois dans les grands
phénomènes de la nature et en cherchant à imiter en petit le jeu
des affinités chimiques qu'exercent réciproquement les uns sur
les autres les éléments constitutifs des corps, affinités qui déterminent ces corps à s'allier dans telle ou telle condition, que
nous parvenons dans nos laboratoires à déterminer des combinaisons entre les substances réputées comme simples par la
science actuelle ; résultats de combinaisons qui ressemblent, ou
même sont identiques, à ceux des grands ateliers dans lesquels
la Providence divine a voulu que fussent élaborés et mis au
jour ces mêmes produits, dont la nature nous présente partout
les modèles d'une manière si grandiose et sur une si vaste
échelle, avec tant de richesse et de variété. Les produits que
nous faisons naître artificiellement dans nos expériences, en
provoquant le jeu des affinités des éléments constitutifs qui entrent dans la composition des corps, sont le résultat de la décomposition et de la recomposition successive de ces mêmes
corps. Et ce sont les résultats de la substitution de ces éléments
les uns aux autres qui donnent naissance aux nouveaux produits
formés, alors, par des éléments de même nature ou de nature
différente.

La science, ainsi que nous l'avons vu, est parvenue à déterminer et à rapporter à des mesures connues dont nous pouvons
apprécier l'étendue, les dimensions présumables des agrégations
matérielles qui produisent sur nos sens les impressions que
nous font éprouver les divers rayons du spectre solaire qui
composent le faisceau de la lumière blanche. Et il ne serait
peut-être pas impossible que, par des calculs appropriés à la

ésolution de ces hautes questions, nous ne pussions parvenir à nous pénétrer et à éclairer de quelque lumière le problème si obscur encore et si peu avancé de la constitution intime des corps dont l'ignorance a laissé jusqu'ici la science, à cet égard, dans une si grande incertitude.

La connaissance que nous avons acquise de la dimension des agrégations des molécules matérielles et des conditions dans lesquelles s'exécutent leurs mouvements, nous permet de déterminer l'étendue des retards ou avances qui doivent avoir pour résultat de changer, à un moment donné, les rapports de coïncidence de ces agglomérations dont l'ensemble constitue un rayon lumineux. On obtient, comme on sait, le résultat de faire varier la vitesse de l'un de ces rayons, en lui faisant traverser une lame mince de mica qui détermine un retard dans sa marche, en distendant et écartant les uns des autres les éléments constituants du mica ; ou bien, en déterminant par le calcul sous quel angle il est nécessaire de dévier l'un de ces rayons pour le ramener ensuite au point de coïncidence, en le faisant réfracter ou réfléchir, de manière à obtenir dans l'un ou l'autre de ces deux cas, des changements tels que les agrégations de molécules matérielles, appartenant respectivement à chacun d'eux se trouvent, par l'effet de leur rapprochement, ne plus être séparées par des intervalles semblables ou analogues à ceux qui les divisaient auparavant, mais bien dans un état de rapprochement qui les détermine à exercer les unes sur les autres les actions les plus puissantes.

Tous ces effets sont identiques à ceux qui seraient le résultat du rapprochement de deux planètes appartenant à notre système solaire qui, par suite d'une cause quelconque, seraient amenées à exécuter leur mouvement de translation autour du soleil à une très-faible distance l'une de l'autre. Il est évident que ces corps, en obéissant alors à l'attraction en raison directe des masses et réciproque aux distances qui les séparent, formeraient un système analogue à celui de la terre et de la lune, de Jupiter, de Saturne, d'Uranus, avec leurs satellites respectifs, ou bien comme les étoiles multiples dont nos télescopes nous font apprécier les positions et les mouvements dans les parties de l'espace les plus reculées des limites auxquelles il est donné à la science actuelle d'étendre ses investigations. Le mouvement de translation de ces agrégations se trouverait alors, comme dans les globes de feu, transformé en un mouvement de rotation de telle manière, que les masses de chacune d'elles multipliées par le carré des vitesses dont elles sont animées, représentent exactement la quantité de mouvement dont le système était pourvu auparavant, mais qui se manifeste alors à nos sens d'une manière différente. A cet état, ces agrégations unies entre elles par l'effet des diverses actions qu'elles exercent les unes sur les autres, mais ayant perdu une partie de leur vitesse de translation qui se trouve représentée par la vitesse de rotation des différentes parties du système autour du centre de gravité commun, ne se trouvent plus placées dans les conditions de traverser les humeurs de l'œil avec la vitesse nécessaire pour produire sur la rétine l'impression de la vision. Ces corps constitués dans ces nouvelles conditions deviennent susceptibles alors d'affecter nos organes, de manière à leur faire éprouver des sensations différentes et des effets différents de ceux de la lumière, telles que la chaleur, l'électricité ou tout autre effet connu ou inconnu et étranger à nos moyens d'observation.

Et c'est de là évidemment que résulte l'absence de lumière qui se manifeste alors, absence que les partisans de l'éther considèrent comme éteinte et anéantie, par le seul fait qu'elle cesse de devenir apparente à nos yeux.

XXVI.

Les phénomènes qui se manifestent, lorsqu'on fait éprouver à la lumière les diverses modifications qui constituent ce que la physique moderne est convenue de désigner sous le nom de polarisation, sont tellement compliqués, et je les ai moi-même si peu étudiés sous le rapport des causes physiques auxquelles ils peuvent être attribués, que je n'entreprendrai pas d'entrer à cet égard dans aucunes explications détaillées qui pourraient être considérées comme trop hasardées, et seraient incapables d'être soutenues par des raisonnements étayés sur une logique sévère à l'abri de toute critique. Je me bornerai donc à faire remarquer d'une manière générale, que les causes auxquelles j'ai attribué les autres phénomènes qui se rapportent à l'émission, à la propagation et aux divers effets que la lumière produit sur nos sens, peuvent être invoquées avec autant d'avantage pour expliquer les phénomènes de la polarisation rectiligne et circulaire, et que tous les artifices analytiques, établis par les géo-

mètres pour calculer la marche et les effets de ces divers phénomènes dans le système des ondulations, reçoivent également bien
leur application dans le système de l'émission, puisque, ainsi
que je l'ai montré, j'ai ramené les deux causes physiques à des
conditions identiques.

Les effets qui ont été observés jusqu'ici, sur la manifestation
des différents phénomènes qui sont la suite et les conséquences
de la modification que l'on fait éprouver à la lumière dans l'acte
de la polarisation, sont de plusieurs sortes. On peut mettre en
première ligne la tendance qu'éprouve le rayon réfléchi ou
réfracté à se manifester sous toute autre forme que celle de
l'impression lumineuse. Cette impression se traduit alors par
toute autre manifestation corrélative, telle qu'une production
de chaleur d'électricité ou par tout autre effet connu ou inconnu.
Effets qui se manisfestent lorsque l'incidence de ce rayon sur
les surfaces polarisantes coïncide avec certaines conditions
propres à favoriser la réalisation des circonstances que la
théorie actuelle des ondulations considère comme une annihilation du mouvement auquel elle attribue l'impression produite
sur nos yeux par la lumière. Dans mon opinion, le faisceau
composé de la réunion de tous les rayons lumineux dont
l'ensemble produit sur nos yeux l'impression de la lumière
blanche, distend et écarte les unes des autres les agrégations
des m ou éléments des cristaux sur lesquels ces rayons exercent
leurs actions, en perdant lui-même dans cet acte, une partie
d'autant plus considérable de sa vitesse que la direction de son
incidence dans le plan perpendiculaire à la surface polarisante
s'approche davantage de 35°, complément de 55°, supplément
lui-même de 125°, qui réprésente l'angle dièdre sous lequel se
réunissent les faces du cubo-octaèdre ou solide primitif que je
considère comme l'élément primitif qui forme la base de tous
les corps cristallisés.

Il est un autre résultat qui est la conséquence de la modification que la lumière éprouve dans l'acte de la polarisation, et qui
consiste dans la séparation particlle des divers rayons qui, mêlés
et confondus, nous font éprouver l'impression de la lumière
blanche. Le faisceau incident formé par des agrégations de
molécules μ, composant les divers rayons du spectre, s'approche
des agrégations de molécules m et les atteint sous des angles,
avec des vitesses et dans les autres conditions propres à obtenir
ces résultats. Il arrive alors que ces molécules μ dont l'ensemble

constitue le rayon lumineux, se séparent les unes des autres en se groupant par faisceaux de diverses natures, mais seulement dans le sens perpendiculaire au plan de la surface polarisante ; en sorte que le faisceau, quoique divisé dans ce sens, continue d'affecter nos sens de la même manière et en déterminant sur eux l'impression de la lumière blanche, parce que tous les rayons se trouvent encore mêlés et confondus dans le sens seulement perpendiculaire à ce premier plan.

Mais si, à cet état, une seconde réfraction ou réflexion perpendiculaire à la première vient à déterminer une deuxième séparation, chacun des rayons du spectre se trouvant isolé vient faire éprouver à nos organes l'impression qui est propre à ce rayon.

Il est enfin un troisième effet, parmi tous ceux connus et observés qui, jusqu'ici, ont été englobés sous la même dénomination, sans qu'on puisse dire, ni même soupçonner, les rapports qui lient ces diverses manifestations de la lumière, et quelles pourront être les modifications qui résulteront des recherches incessantes auxquelles tant de savants distingués consacrent leur talent et leur activité, depuis trop peu de temps, cependant, pour que l'on puisse considérer encore la solution de ces difficiles questions comme bien avancée! Cet effet est celui de l'espèce de tournoiement autour de l'axe d'un corps d'où résulte le phénomène que la science actuelle a désigné sous le nom de polarisation circulaire ou elliptique. Ici encore, en restant toujours circonscrit dans les limites où j'ai envisagé ces divers phénomènes, je présume que les agrégations de molécules a, en s'approchant des agrégats des m, éprouvent des actions continues, en passant d'un cristal à un autre, qui les font dévier dans leur marche d'une certaine quantité, en les déterminant à circuler autour de ce corps et parcourant une hélice très-allongée. En sorte que suivant la distance de l'origine du mouvement à laquelle on observe le faisceau à son passage, chaque couleur du spectre vient se présenter successivement suivant la modification et la coordination qui lui ont été imprimées par l'acte primitif de la polarisation.

Je vais passer actuellement à l'application des mêmes principes que j'ai émis et qui m'ont guidé jusqu'ici pour expliquer les phénomènes que la science actuelle désigne sous le nom de chaleur et de lumière, et employer les mêmes moyens en me servant des mêmes principes pour chercher à rendre un compte satisfaisant de tout ce qui se rapporte au magnétisme et à l'électricité.

XXVII.

Lorsqu'on envisage la nature des actions qu'exercent les corps les uns sur les autres, en les considérant comme constitués dans les conditions de la grande synthèse que j'ai établie basée sur le principe de la loi de l'attraction universelle, on s'aperçoit bien vite que l'action de la masse qu'exercent deux corps l'un sur l'autre, en regardant toutes les molécules qui les composent comme concentrées à leurs centres de gravité respectifs, peut être considérée comme presque nulle, comparée à l'action infiniment plus puissante qu'exercent individuellement les unes sur les autres les molécules matérielles qui constituent ces corps. C'est en vertu de ce principe que l'action de la Terre sur les molécules matérielles des corps qui sont à sa surface est absolument nulle et de nul effet pour les désorganiser, comparée à la cohésion ou attraction moléculaire qui les réunit et les fait adhérer les uns aux autres avec une si grande puissance.

Or, j'ai démontré que la cohésion, qui n'est autre chose que l'attraction qu'exercent les unes sur les autres les parties de la matière réduites à leur plus grand état de simplicité, se trouve en opposition perpétuelle avec une autre action à laquelle j'ai donné le nom de distension qui résulte de l'action que les molécules matérielles que j'ai appelées p, et qui, libres encore de toute combinaison, traversent l'espace dans tous les sens, en exerçant sur les molécules m, qui forment les corps constitués à tous les états, des actions qui tendent à écarter et éloigner les unes des autres ces molécules m.

Et ce sont ces effets, évidemment dus à la distension, qui donnent une explication claire, satisfaisante, et rendent compte des phénomènes qui sont les résultats de ces mêmes effets d'une manière simple, naturelle et lumineuse ; en s'étayant de considérations appuyées sur la saine et droite raison et les connaissances que nous possédons des propriétés des corps et des lois qui régissent le mouvement de la matière. Tandis que la science actuelle s'est vue dans la nécessité, pour expliquer ces phénomènes, de faire intervenir une prétendue répulsion, entre les molécules des corps, dont rien ne vient démontrer l'existence et ne peut justifier l'adoption. Les divers résultats de ces manifestations des propriétés de la matière donnent naissance aux phénomènes de l'évaporation, de la combustion, de la production de chaleur et de lumière, d'électricité et de magnétisme, à la diffusion des gaz et à tous les autres phénomènes dans lesquels la distension l'emportant sur l'attraction ou se trouvant dominée par elle, il résulte de ces alternatives des effets qui semblent opposés les uns aux autres et en contradiction avec ceux de l'attraction et de la cohésion ; tandis que toutes ces modifications, dans le mode d'exister et d'agir de la matière, ne doivent être considérées que comme les résultats d'une seule et unique cause, malgré tous les efforts que fait aujourd'hui la science actuelle pour créer et faire intervenir à cet effet de nouveaux agents.

Lorsque des nappes, formées par des courants de molécules μ animées de grandes vitesses, viennent à rencontrer un cristal formé par des molécules m agglomérées, celles de ces molécules μ qui traversent le cristal dans la direction de son centre de gravité, distendent les m, ou leurs agrégations, et les déterminent à se diffuser dans l'espace, en remplissant alors elles-mêmes le rôle des μ et produisant les phénomènes de la chaleur et de la lumière. Mais les files de molécules μ qui font partie de la même nappe, dont tous les éléments, marchent parallèlement ensemble et qui viennent atteindre le cristal tangentiellement sur ses bords, à 90° du point par où ont pénétré les files qui ont passé par le centre, détachant les m qui sont à la surface du cristal, déterminent les molécules m à se diriger tangentiellement à ce même cristal. En exécutant ce mouvement, ces molécules passent auprès d'autres molécules m, qui exercent sur elles leurs actions, elles s'approchent les unes des autres, en décrivant des branches d'hyperboles qui les rapprochent du centre de gravité du cristal, et les placent dans des circonstances semblables ou analogues à celles d'où sont résultées leurs premières déviations ; en sorte que ces molécules finissent par devenir de véritables satellites qui exécutent leurs révolutions autour du centre de gravité du cristal, formé par l'agglomération des molécules m, et déterminent autour de lui un véritable courant électrique.

Or l'on voit facilement que le premier de ces effets, ou la manifestation du mouvement sous forme de chaleur, est fonction du cosinus de l'arc qui mesure la distance du point par où a pénétré la file de molécules μ qui passe par le centre de gravité au point que l'on considère, tandis que la production d'électricité est elle-même fonction du sinus de ce même arc.

Les effluves de molécules μ qui sillonnent l'espace dans tous les sens et passent au travers de tous les corps, déterminent donc toujours sur ces corps des actions qui se traduisent par l'apparition d'une certaine quantité de chaleur, de lumière, d'électricité, ou d'autres manifestations analogues. La somme de ces actions est toujours corrélative et représente exactement la quantité de mouvement que les μ ont perdue dans cet acte, quoique cette quantité de mouvement, pour chaque espèce de manifestation, soit sujette à éprouver les plus grandes variations.

Plusieurs causes de différente nature telles que le nombre de molécules μ qui traversent les systèmes des m, leur direction, les vitesses qu'elles ont dû acquérir pour produire ces diverses manifestations, soit en traversant les espaces intrastellaires, soit en arrivant du soleil; ou bien lorsqu'elles sont produites par des molécules m distendues et transformées en μ, par suite de la combustion, de la déflagration, du frottement rectiligne alternatif ou circulaire, de la percussion ou d'autres causes susceptibles de désorganiser les corps et de rendre à l'état libre, avec toute la vitesse dont elles sont animées, les molécules qui les composent; toutes ces causes, dis-je, peuvent donner naissance et constituer à ces émanations les caractères de la lumière polarisée. Réunies, elles se pondèrent, s'équilibrent réciproquement les unes les autres, et déterminent la nature des phénomènes qui sont les conséquences et les résultats de ces divers effets. Ces effets sont toujours de différente nature, en proportions très-variables. Tantôt les molécules des corps déjà constitués se désagrègent, en se dégageant les unes des autres, et se traduisent, en se manifestant à l'exclusion de toute autre forme, soit en lumière, soit en électricité ou tout autre mode sous lequel se présente la matière divisée et réduite à ses dernières limites, sans que jamais, cependant, l'un de ces états l'emporte sur les autres d'une manière tellement exclusive qu'il ne se produise toujours au moins quelques traces de chacune de ces manifestations.

L'état et la nature des corps qui se désorganisent, par suite de l'action des μ qui les distendent et les désagrègent, influe d'une manière puissante sur le mode et l'importance de ces transformations. Lorsque les m qui constituent ces corps sont très-rapprochées les unes des autres, en donnant naissance à des corps d'une grande densité, que les éléments qui composent ces corps se sont constitués sous l'empire du solide n° 2 et présentent dans leur contexture des irrégularités qui influent pour faire adhérer plus fortement leurs molécules les unes aux autres, il est infiniment probable que la désagrégation des parties qui les composent s'opère avec plus de difficulté, et c'est ce que la science actuelle exprime en disant qu'ils brûlent difficilement, qu'ils sont mauvais conducteurs du calorique ou de l'électricité, qu'ils se laissent pénétrer moins facilement par la lumière ou la chaleur que lorsque leur cohésion, leur densité, sont plus faibles, et qu'ils se trouvent à l'état liquide ou gazeux.

XXVIII.

Les causes qui déterminent les courants électriques et magnétiques à se manifester et à devenir plus ou moins adhérents autour des corps constitués formés par la réunion des molécules m à l'état stable et permanent, sont de même nature, identiques et assujetties aux mêmes lois générales que celles qui déterminent les mouvements des corps planétaires, des comètes, des aérolites, des étoiles filantes, de l'anneau magnétique qui existe autour de la terre, et qui se manifeste quelquefois accidentellement par les aurores boréales, l'effluve de molécules lumineuses qui constituent la lumière zodiacale, à quelque système du monde qu'elle appartienne, soit au soleil, soit à la terre; tout comme à toutes autres manifestations de la matière, qui peuvent exister dans d'autres systèmes formant les cortéges de l'innombrable quantité de corps stellaires qui peuplent l'espace.

Le mode d'agrégation des molécules μ qui constituent ces courants, ainsi que la nature des cristaux dont l'ensemble constitue les corps formés par la réunion des molécules m auxquelles les premières se trouvent momentanément liées, déterminent la direction, l'intensité et la persistance de ces courants autour de ces corps. Ainsi, nous savons que certains oxydes de fer naturel, l'urane, le titane, et même généralement tous les corps jouissent du plus au moins, de la propriété de fixer autour d'eux des courants permanents, que l'on désigne sous le nom de courants magnétiques. Les corps naturellement magnétiques communiquent au fer, ou à d'autres corps par voie de contact, mais seulement d'une manière temporaire, plus ou moins intense, ces propriétés dont ils jouissent eux-mêmes. La position de ces courants autour de ces corps est généralement assujettie à certaines conditions de direction et de stabilité qui exigent l'emploi de moyens artificiels, quelquefois assez puissants, pour intervertir, changer et même quelquefois faire varier la position de ces courants dans des limites assez restreintes.

Les courants de molécules matérielles qui constituent l'électricité existent autour de tous les corps à quelque état qu'ils soient, en parcourant des trajectoires dans les éléments desquelles entrent, comme fonctions, la nature et la forme des corps autour desquels s'établissent les courants. Ainsi que je l'ai déjà fait remarquer ces courants n'existent jamais qu'à la surface des corps parce que leurs actions directes ne s'exercent qu'à de très-petites distances. Aussitôt qu'ils pénètrent dans l'intérieur des corps autour desquels ils s'établissent, ils sont également attirés par les molécules qui se trouvent placées, d'une part, du côté du centre de gravité, et de l'autre, du côté de la circonférence, en sorte que rien alors ne les ramenant plus au centre, la force centrifuge les dirige constamment à la surface extérieure du corps où les causes qui les y retenaient d'abord, reprennent leur empire pour les y maintenir.

Quoique les effluves qui constituent les courants électriques et magnétiques soient animées d'immenses vitesses, elles n'en restent pas moins assujetties aux actions de la distension que les molécules p qui sillonnent l'espace dans tous les sens, aussi bien que les autres effluves analogues provenant des différents astres, ou même celles que nous faisons naître artificiellement, exercent sur elles.

Ces molécules p, en agissant sur les molécules de même nature qui forment les atmosphères électriques des corps constitués, tendent à rétablir l'égalité de distance qui doit exister entre elles pour qu'elles n'exercent pas de trop puissantes actions les unes sur les autres, ce qui pourrait déterminer entre elles des alliances et des combinaisons donnant lieu à des mouvements violents, ou à des développements insolites de forces, qui compromettraient l'ordre et l'harmonie que la sagesse du Créateur a voulu maintenir dans toutes ses œuvres. Tantôt, ces courants électriques sont liés au corps autour desquels ils s'établissent, en les pénétrant avec difficulté et s'en séparant difficilement. On dit alors que ces corps sont mauvais conducteurs de l'électricité. Ces courants, d'autres fois, ne s'établissent que momentanément autour de ces corps et s'en séparent avec facilité ce qui constitue les corps bons conducteurs de l'électricité et, à cet état, ces courants deviennent quelquefois tellement intenses, tellement puissants que les effets qu'ils produisent n'ont aucun rapport, et sont hors de toute proportion, avec les corps constitués auxquels se trouve liée leur existence. Ils s'allient les uns aux autres, se séparent en produisant un ensemble de phénomènes tellement variés, quelquefois si formidables et dans de si immenses proportions que toutes les ressources, toutes les puissances de la science sont insuffisantes pour les prévoir, les prévenir et en calculer la portée.

D'autres fois, ces phénomènes se manifestent sous une multitude de formes féeriques, qui affectent nos sens d'une manière plus calme et plus tranquille, en leur faisant éprouver mille illusions fantastiques, toutes plus surprenantes, plus admirables et plus incompréhensibles les unes que les autres.

Les molécules matérielles qui forment ces courants sont animées de vitesses qui peuvent dépasser dans une énorme proportion celle de la lumière. A cet état, elles paraissent impropres à produire sur nos yeux le sentiment de la vision, parce que probablement leur masse est trop faible et leur vitesse trop grande pour remplir les conditions où Dieu a voulu que se trouvât la matière pour affecter les organes de la vue, et que ce n'est qu'après s'être combinées ou liées entre elles et avoir perdu une partie de leur vitesse, que ces molécules se sont constituées dans de nouvelles conditions propres à affecter ceux de nos sens destinés à produire sur nous l'impression de la lumière.

Les agrégations matérielles qui constituent ces courants, groupées autour de leurs centres de gravité respectifs, sont animées de vitesses de translation qui varient dans toutes les proportions et se réduisent quelquefois, comme on le voit dans les globes de feu, à produire des déplacements presque insensibles. Les réseaux de molécules liées entre elles et dépendant les unes des autres par les actions opposées de l'attraction et de la distension qui constituent ces courants, forment, tout à l'entour des corps autour desquels ils existent momentanément, des atmosphères constituées par des myriades de molécules libres ou agrégées, dont rien ne peut nous indiquer, ni même nous faire soupçonner l'existence, et qu'il ne nous est possible de constater que par des moyens spéciaux appropriés à ces sortes de recherches. Ces molécules et leurs agrégations, par suite de leur extrême rapprochement, se trouvent liées les unes aux autres par des attractions puissantes et invincibles et exercent leurs actions à de grandes distances, en entraînant celles de ces molécules qui concourent avec elles à former les réseaux et les atmosphères qui existent sous forme de magnétisme ou d'électricité à la surface et à l'entour de tous les corps. Les masses de ces réseaux étant, à cause de l'extrême ténuité des molécules qui les composent, complètement insensibles à tous les moyens que nous possédons pour les apprécier, ils ne se révèlent à nous que par certaines manifestations d'une nature particulière, étrangères à l'espèce de sensations que nous avons l'habitude d'interroger pour nous mettre en rapport avec les objets extérieurs par l'intermédiaire de nos sens. Ces courants ou réseaux s'établissent en sens contraire, dans le même sens ou dans toutes les directions, et avec toutes les vitesses possibles. Ils exécutent leurs mouvements indépendamment les uns des autres, de la même manière que les molécules matérielles lumineuses qui leur sont identiques et n'en diffèrent que par leur mode d'existence ; ces molécules se dirigeant toujours en ligne droite normalement, et dans la direction du rayon vecteur des lieux où existent les points ou bien les corps d'où elles émanent.

Ces phénomènes, qui ont quelque rapport avec la production et la propagation des ondes sonores et la perception des sons, en diffèrent cependant essentiellement, en ce que les impressions lumineuses et électriques sont le résultat immédiat des manifestations de la matière réduite à un état extrême de ténuité, tandis que le son est simplement le produit d'un mouvement transmis de proche en proche à cette matière qui n'éprouve elle-même aucune translation, mais bien comme l'ont décrit à satiété les partisans de l'éther, qui ont si improprement confondu ces deux ordres de phénomènes, un mouvement de vibration des parties de l'air sur elles-mêmes qui se propage par des ondes plus ou moins étendues de proche en proche dans l'espace, depuis le point où se trouve placé le corps vibrant, jusqu'à celui où il est perçu par ceux de nos sens destinés par la sagesse du Créateur à cet usage.

Ces ondes sonores ont une frappante analogie avec celles qui ont lieu à la surface de l'eau, depuis les plus grandes lames qui sillonnent les océans jusqu'aux plus légères rides, à peine appréciables, qui se produisent à la surface de l'eau, contenue dans des vases, lorsque le plus léger mouvement vient à les mettre en vibration. Tout comme le son, ces ondes se mêlent, se traversent, se superposent, se confondent, et se dégagent ensuite les unes des autres, selon les modes d'existence qui les caractérisent chacune en particulier et suivant qu'elles marchent dans la même direction ou dans des directions différentes, en conservant toujours intégralement la quantité de mouvement dont elles sont animées.

XXIX.

Lorsque deux corps, bons conducteurs de l'électricité, autour desquels circulent, dans tous les sens, des courants formés par des molécules matérielles animées de vitesses variables, viennent à se rapprocher jusqu'à ce qu'ils se touchent, ceux de ces courants qui marchaient à la surface de ces corps dans des directions opposées, se trouvent alors cheminer parallèlement ensemble au point de contact. Les agrégations de molécules qui forment ces courants étant alors bien plus rapprochées les unes des autres qu'elles ne l'étaient auparavant, il en résulte un trouble qui intervertit, change et détruit l'harmonie des mouvements qui existaient entre ces agrégations de molécules décrivant autour de ces corps des courbes du second degré.

Il résulte de ce nouveau mode d'existence des molécules, et des rapports qui en deviennent les conséquences, que les agrégations de ces molécules qui, par leurs masses trop faibles et leur trop grande vitesse, ne se trouvaient pas dans les conditions de produire sur nos yeux l'impression de la lumière lorsqu'elles venaient à se diffuser dans l'espace, acquièrent cette propriété en se réunissant en masses plus considérables et perdant une partie de leur vitesse de translation, laquelle se trouve compensée par la plus grande vitesse de rotation autour de leurs centres de gravité respectifs qu'acquièrent celles de ces molécules qui forment ces nouvelles agrégations. A cet état, les combinaisons de molécules qui résultent de ces alliances tendent à se séparer et à s'éloigner des deux corps à leur point de contact, parce qu'à ce point les actions qu'exerce chacun d'eux sur

les agrégations qui se trouvent au point de tangence se font
réciproquement équilibre. Les deux corps tendront donc à se
dépouiller successivement de toutes les molécules qui circulaient et formaient des espèces d'atmosphères matérielles à leur
surface, et ces molécules agrégées viendront, sous toutes les formes, affecter nos organes, en produisant sur nos sens tous les
effets que l'on observe lorsqu'on rapproche l'un de l'autre
deux corps électrisés, l'un positivement, l'autre négative-
ment.

Les agrégations résultant des nouvelles combinaisons de ces
molécules en atteignant nos sens, leur feront éprouver des impressions durables plus ou moins fortes et difficiles à effacer, et
des effets analogues à ceux que produit sur eux l'action d'un
corps en mouvement ayant une masse appréciable et pouvant être
assimilés à une blessure, un coup, une contusion, ou tout autre
effet qui persistera bien au delà de l'intervalle pendant lequel
a agi la cause qui l'a produit et jusqu'à ce qu'il ait été possible
de rétablir les organes lésés dans leur état normal. Ces effets se
perpétueront aussi longtemps qu'il existera autour des deux
corps des courants formés par des agrégations de molécules qui,
par suite de leur direction, de leurs masses et de leurs vitesses,
seront susceptibles de pouvoir s'allier ensemble. Ceux de ces
courants, circulant dans le même sens au point de tangence, qui
ne se trouveraient pas dans les conditions qui leur permet-
traient de contracter des adhérences, continueront à circuler
autour des corps auxquels se trouve liée leur existence en passant alternativement d'un des corps à l'autre, et les enveloppant
par des courants formant alors, et dans ce cas exceptionnel, une
espèce d'atmosphère commune à tous les deux.

Pendant ce temps, les deux corps étant enveloppés de molécules matérielles sous forme d'agrégations qui, vu leur grand
état de rapprochement, exercent de proche en proche des
actions puissantes et énergiques les unes sur les autres, se
trouveront, eu égard aux molécules matérielles a qui traversent
leurs systèmes dans tous les sens en les distendant, dans les
mêmes conditions que si les deux corps ne formaient qu'une
seule et même masse. Ces molécules, se borneront donc à distendre celles des molécules et agrégations de molécules qui
circulent en forme d'atmosphère à la surface et autour des deux
corps, pour les diffuser dans l'espace ; en sorte que ces deux
corps et les courants formant les atmosphères dont ils sont enve-

loppés, resteront unis par suite de l'attraction qui exerce leur action sur eux, aussi longtemps que durera la partie du phénomène qui doit avoir pour résultat de les dépouiller des courants qui marchent dans le même sens autour des deux corps à leur point de tangence.

Et ce sont ces effets qui constituent les attractions momentanées que l'on observe entre les corps affectés d'électricités contraires.

Lorsque les deux corps se trouveront dépouillés et séparés de tous les courants qui circulaient autour d'eux en sens contraire, ou qui ne pouvaient s'allier ensemble par suite de la trop grande différence qui existait entre leurs vitesses et les angles que formaient entre eux leurs directions respectives; il ne restera plus à la surface des deux corps que ceux de ces courants circulant autour d'eux dans le même sens. Mais ces courants venant à se rencontrer au point de tangence dans des directions opposées avec des vitesses différant trop les unes des autres pour être susceptibles de pouvoir s'allier ensemble, les deux corps deviendront étrangers l'un à l'autre; la distension reprendra alors son action pour éloigner les unes des autres les molécules qui forment les courants existants dans le même sens à la surface de ces corps et entraînera avec elle les corps auxquels se trouvent liée leur existence. Et c'est ce qui détermine la répulsion qui se manifeste entre les corps affectés du même mode d'électricité, positive ou négative, vitrée ou résineuse, comme on voudra la nommer, et explique pourquoi, sous l'empire d'électricités contraires les corps, après s'être approchés l'un de l'autre, s'éloignent et se séparent lorsqu'ils ont perdu leurs électricités contraires jusqu'à ce que, par suite de nouvelles conditions dans lesquelles ils peuvent se retrouver, ils soient revenus, s'il y a lieu, à leur premier état.

Ces alliances de molécules, marchant dans le même sens au point de tangence des deux corps auxquels est liée momentanément l'existence de ces molécules, lorsque ces corps viennent à se rapprocher, sont tout à fait analogues et doivent être attribuées aux mêmes causes que les effets produits par les rayons lumineux marchant ensemble en ligne droite. Lorsque nous introduisons ces rayons par une fente ou une ouverture très-étroite dans une chambre obscure, et que nous réunissons les éléments de ce petit faisceau de lumière au moyen d'une lentille, ou par tout autre mode qui a pour résultat de les faire marcher parallèlement ensemble dans un état de rapprochement plus grand qu'il ne l'était auparavant, on sait qu'alors les molécules matérielles, en se réunissant sous toutes les formes et tous les états, constituent des agrégations animées de vitesses diverses et éprouvent une tendance à se réunir en gravitant les unes vers les autres. Dans ces conditions elles nous apparaissent soit à la surface des écrans que nous plaçons sur leur trajet, ou à travers les objectifs des lunettes où elles sont reçues, sous tous les aspects et sous toutes les formes, affectant tantôt les apparences de marbrures alternativement claires et obscures, de stries, d'anneaux colorés, de bandes de diffraction et autres phénomènes analogues qui sont le resultat des effets opposés de l'attraction et de la distension, agissant sur ces molécules, pour établir entre elles les rapports qui nous font éprouver les nouvelles impressions soumises alors à nos observations.

On peut encore assimiler ces effets à ce qui a lieu entre les corps qui agissent chimiquement dans les dissolutions en se combinant ou se décomposant réciproquement les uns les autres, parties de ces corps, qui se trouvent alors dans les conditions de s'allier ensemble, se réunissent en proportions définies tandis que les autres continuent à rester libres dans les milieux où ils se trouvaient en dissolution.

Les mêmes effets se manifestent aussi, par suite des mêmes causes, dans les couches concentriques que l'on observe alternativement lumineuses et obscures autour du noyau des comètes, dans l'œuf électrique, les stries qui se manifestent dans les effluves d'électricité que l'on dirige à travers des gaz très-raréfiés, ainsi que dans une foule d'autres cas analogues où les molécules matérielles exercent des actions électives qui résultent de leur nature et des distances qui les séparent les unes des autres.

XXX.

Si au lieu de considérer des solides de révolution isolés autour desquels il existe des courants de molécules matérielles, on envisage ce qui résulterait de l'action de ces mêmes courants lorsqu'ils parcourent des corps conducteurs d'électricité plus

ou moins allongés, comme le sont par exemple les fils télégra-
phiques, on s'apercevra que ces courants s'établissent alors le
long de ces fils, en circulant sous forme de spirale autour de ces
conducteurs par suite d'un mouvement de tournoiement qui leur
fait décrire des hélices autour d'eux simulant un tire-bouchon
dont les spires sont plus ou moins rapprochées les unes des autres.

La direction du mouvement de ces courants, les éléments des
spirales qu'elles décrivent, paraissent, tout comme autour des
solides de révolution, être assujettis à une multitude de formes
variables dont les causes sont complétement hors de la portée de
toutes nos investigations.

Comme la direction de ces courants est nécessairement dans le
sens de la génératrice de l'hélice au point que l'on considère lorsque le diamètre, et par conséquent la section du conducteur,
diminue de volume jusqu'à se terminer par une pointe, il faut,
pour que cette condition reste accomplie, que le courant s'approche de plus en plus du côté de la pointe. Mais dans ce mouvement
la masse du corps, aidée des molécules qui forment les courants
qui lui sont adhérents, tend à diminuer de plus en plus, de manière que l'attraction qu'exerçaient ces divers éléments sur les
courants, devient insuffisante pour faire équilibre à la distension
qui tend, et agit toujours avec la même énergie, à diffuser ces
courants dans toutes les directions, en sorte que les molécules
matérielles arrivées à l'extrémité de la pointe s'élancent avec
rapidité dans l'espace ou sur les corps environnants, en produisant les phénomènes de la déperdition de l'électricité par les
pointes avec tous les effets qui accompagnent ce phénomène et
en sont les conséquences.

Les effluves de molécules matérielles qui arrivent de l'espace
dans tous les sens, toutes les directions et avec toutes les
vitesses, celles de ces effluves qui viennent du soleil ou que
nous provoquons par les moyens artificiels que nous employons
pour en déterminer la production, distendent les courants qui
existent autour des conducteurs, et cette action se décompose
en deux parties. L'une de ces parties celle qui est parallèle
aux conducteurs et dans leur sens, et qui tend à augmenter le
nombre et la vitesse des molécules matérielles qui forment les
courants autour des conducteurs, est fonction du cosinus de
l'angle que forme la ligne qui mesure l'inclinaison de l'hélice
que parcourt le courant autour des conducteurs, avec la direction du courant ou effluve de molécules matérielles qui tra-

versent le conducteur en ce point ; et l'autre, qui est perpendiculaire à ce même conducteur et qui tend à créer et à développer les courants électro-magnétique et dia-magnétique, est fonction du sinus de ce même angle.

Outre les actions en distension qu'exercent les effluves de molécules matérielles » qui affluent de tous les points des espaces sur les courants électriques dont l'existence est liée à celle des conducteurs, ces effluves exercent aussi leurs actions sur les agrégations de molécules matérielles » qui, par leur réunion, constituent les conducteurs eux-mêmes. Ces effluves, en déterminant les effets que je viens de décrire sur ces molécules agrégées, tendent à augmenter les grands axes des trajectoires elliptiques qu'elles parcourent, jusqu'à ce que l'amplitude de ces axes soit devenue assez grande pour faire passer le mouvement de ces molécules de l'ellipse à la parabole ; entraînées alors dans les courants avec la vitesse dont elles étaient animées, ces molécules deviennent elles-mêmes des agents pour augmenter, par leur action propre, l'effet des premiers courants et il en résulte des effluves d'autant plus puissantes que les conducteurs sont plus étendus.

Il est une considération importante qu'il ne faut pas oublier et ne jamais perdre de vue, c'est que l'action la plus énergique des courants électriques a lieu en sens contraire de leurs directions. J'ai démontré en effet, que le résultat d'une effluve de molécules matérielles qui traversent un corps, n'importe à quel état, que j'ai désigné sous le nom de distension, était d'appeler à elle celles de ces molécules, soit constituées, soit libres et formant des atmosphères autour de ces corps pour les diffuser dans l'espace, en sorte que les plus grands courants, ceux qui viennent du soleil, et qui nous arrivent en nous inondant de lumière, doivent leur existence aux effluves de molécules matérielles qui viennent atteindre sa surface par les points mêmes qui se trouvent en face et en regard des lieux par où ils viennent se manifester à nous. Il en est de même dans les courants électriques qui passent de l'un des conducteurs à l'autre, aussi voit-on toujours la substance de l'une des pointes qui terminent ces conducteurs franchir l'espace qui sépare les deux pointes l'une de l'autre, en se dirigeant en sens contraire du courant sur la pointe opposée.

Tout dans la nature se trouve dominé et régi par les mêmes lois qui s'enchaînent les unes aux autres, pour se manifester partout et toujours de la même manière. C'est ainsi que les systèmes stellaires se maintiennent dans les conditions d'existence qui assurent leur stabilité, en vertu de l'attraction et de la force centrifuge qui se font respectivement équilibre, sans préjudice de la distension dont nous n'avons, dans l'état actuel de nos connaissances, aucun moyen d'apprécier et de calculer les effets. Dans les corps constitués sur de faibles dimensions, c'est la distension qui fait les fonctions et remplit le rôle de la force centrifuge, et nous voyons les applications de ces mêmes principes et de ces mêmes lois, dans une foule d'autres cas tels que les phénomènes capillaires, la tendance de deux corps flottants à la surface de l'eau à se réunir, celle de deux gouttelettes de liquide qui, lorsqu'elles sont suffisamment rapprochées, se réunissent subitement pour n'en former qu'une seule, etc., etc.

Le grand courant magnétique qui existe à la surface de la terre, paraît devoir son existence à une suite d'anneaux parcourant des trajectoires elliptiques dont les foyers seraient placés sur deux cercles dans l'intérieur de la terre, de manière à ce que l'inclinaison de l'aiguille aimantée se trouve, comme le constatent les observations, nulle dans l'équateur magnétique et qu'elle aille en augmentant en s'approchant des pôles.

Il serait sans doute aisé, en étudiant cette question au moyen des observations de déclinaison qui ont été faites sur divers points de la terre, de déterminer la nature de ces couches et la position des foyers de ces ellipses, mais ces matières me sont trop étrangères dans leurs détails pour que je veuille hasarder, à cet égard, aucune conjecture. Comme la distension agit continuellement sur les courants électriques dont les conducteurs sont chargés, elle augmente l'intensité et la vitesse de ces courants, principalement, ainsi que je l'ai déjà fait observer, en agissant en sens contraire de la direction de ces mêmes courants.

Les effluves de molécules μ qui affluent de toutes parts et dans toutes les directions dans l'espace, et qui traversent ces conducteurs dans tous les sens, tendent aussi à les dépouiller de ces atmosphères ambulantes pour les diffuser dans l'espace, en agissant perpendiculairement à la direction des conducteurs auxquels se trouve liée l'existence de ces courants; en sorte qu'il s'établit une espèce d'équilibre entre l'intensité de l'électricité qui reste adhérente aux conducteurs, et les courants électro-magnétiques et diamagnétiques qui se créent aux dépens de l'effluve électrique dirigée dans le sens de la longueur de ces mêmes conducteurs.

XXXI

Une autre condition qui entre comme l'un des éléments les plus importants dans la distribution des quantités respectives d'électricité qui concourent, soit à augmenter l'effluve d'agrégations matérielles dans le sens de la longueur des conducteurs, soit à créer des courants électro-magnétiques ou diamagnétiques qui leur sont perpendiculaires, c'est la capacité pour l'électricité que paraissent posséder les conducteurs suivant leur nature, et en raison de leur longueur et de leur diamètre. En sorte que passé une certaine limite ces conducteurs deviennent impropres, soit à acquérir une nouvelle quantité d'électricité, soit même à conserver celle qu'ils possédaient et qui même, par suite de diverses conditions dans lesquelles se trouvent ces conducteurs, finit souvent par se diffuser dans l'espace.

L'angle que forme la génératrice des spires que parcourent les courants magnétiques ou électriques autour des conducteurs auxquels est liée leur existence, avec l'axe de ces mêmes conducteurs, influe aussi très-probablement sur la nature et l'intensité de ces différents effets. Mais les courants puissants électro-magnétiques et le développement, quoique relativement plus faible, des courants diamagnétiques qui se produisent perpendiculairement aux courants magnétiques et électriques peuvent donner lieu de croire, que les spires que parcourt l'électricité sont d'autant plus rapprochées les unes des autres, ou en d'autres termes que l'angle formé par la génératrice de ces spires avec la direction des conducteurs est fonction de la nature et du diamètre de ces mêmes conducteurs.

Les effets de la distension étant d'autant plus intenses que la différence de densité des corps sur lesquels elle s'exerce est plus grande et qu'elle n'a lieu qu'à la surface de ces corps, on comprend pourquoi la diffusion de l'électricité est si facile et si prompte dans le vide; et la facilité qu'elle éprouve à traverser les gaz très-raréfiés ainsi que la tendance des molécules matérielles à se réunir et à former des anneaux concentriques comme il arrive autour des noyaux des comètes, les apparences, ou stries lumineuses, qui se manifestent dans l'œuf électrique, ou bien lorsque l'on fait passer un grand courant électrique intérieurement, et le long d'un tube, dans lequel on a fait le vide à quelques dixièmes de millimètre près; phénomènes si intéressants, dont l'intensité, la coloration et les apparences varient avec la nature des gaz, leur tension et autres circonstances qui nous sont inconnues. On peut aussi rapporter aux mêmes causes les apparences que présentent les substances interposées ou dissoutes dans des liquides ou des gaz, ou celles qui circulent à l'état libre et se réunissent pour former les filons de substances minérales, la pâte à papier mélangée simplement mécaniquement dans l'eau, la vapeur vésiculaire dans les nuages, etc.

Lorsque les extrémités d'un corps, bon conducteur de l'électricité, autour duquel circulent, dans le sens de sa longueur, des courants puissants de molécules matérielles, se trouvent en face d'un autre corps qui, par sa forme et sa nature, est susceptible de déterminer à sa surface l'accumulation d'une grande quantité d'électricité, ce corps finit pour ainsi dire par s'en saturer. Arrivées à cet état, les effluves formées par les courants de molécules matérielles qui circulent autour de ces corps tendent à s'en séparer, en faisant irruption dans une direction quelconque relative à la forme et aux divers promontoires d'électricité existant à la surface qui sont les conséquences de cet état, et à se diffuser dans l'espace. L'électricité, soit les effluves de molécules matérielles, peut aussi se porter sur les masses qui, dans le voisinage réunissent les conditions nécessaires pour appeler à elles ces effluves qui se manifestent alors par l'apparition d'une éclatante lumière, désorganisant, brûlant et changeant le mode d'existence des corps qui se trouvent sur leur passage, ainsi que nous le voyons dans les décharges puissantes d'électricité, la bouteille de Leyde, les courants induits par les bobines électriques; images en petit des dévastations et des grands effets qui sont les résultats des immenses effluves d'électricité qui s'accumulent dans les nuages.

Les amas de vapeur d'eau vésiculaires qui forment les nuages semblent se trouver, par suite de la faculté que possèdent les éléments qui les composent de conduire l'électricité, dans les circonstances les plus favorables pour devenir les foyers autour desquels se créent de grands courants électriques, formés par des effluves de molécules matérielles qui décrivent des trajectoires du second degré autour de ces nuages, avec toutes les vitesses et dans toutes directions imaginables. L'éloignement auquel les nuages se trouvent de la terre, la distension exercée sur la vapeur d'eau qui les constitue par les molécules matérielles venant de l'espace, constituent un ensemble de conditions qui se prêtent, évidemment de la manière la plus favorable, à développer dans les nuages d'immenses quantités d'électricité et à en faire les réceptacles les plus vastes et sur la plus grande échelle dont il nous soit possible de nous former une idée.

La configuration des nuages affecte en général celle de masses arrondies, isolées ou groupées à des distances plus ou moins considérables les unes des autres, qui sont caractérisées par la décroissance insensible de la quantité des éléments aqueux dont ils sont formés en allant de leur centre de gravité vers leurs bords. Cette tendance décroissante de la vapeur d'eau qui constitue les nuages, bien plus rapide sur leurs confins que dans leur intérieur, détermine les molécules matérielles qui forment les courants électriques dont ils sont environnés, à pénétrer de plus en plus dans le nuage jusqu'à ce que les éléments dont il est formé exercent sur ces courants des actions égales et opposées. Ces courants se dirigent alors tangentiellement à la couche qui forme les bords du solide dans lequel se trouve circonscrit le nuage ; mais dans ce mouvement il atteint de nouveau les couches vers lesquelles la densité du nuage, ou la quantité de vapeur dont il est formé, diminue rapidement et éprouve de nouveau la tendance à se rapprocher du centre de gravité du côté où afflue cette vapeur avec le plus d'abondance.

L'ensemble de toutes ces causes réunies détermine les courants électriques à s'accumuler indéfiniment autour des nuages. Ces courants, constitués en atmosphères, forment des espèces de promontoires d'électricité en certains lieux où se trouvent réunies l'ensemble des conditions qui sont de nature à se prêter à la réalisation de ces phénomènes. Ces courants en augmentant toujours en vitesse, en énergie et en intensité arrivent à un point où, comme dans les conducteurs de nos machines électriques, la capacité des nuages auxquels était liée leur existence se trouvant insuffisante pour les retenir auprès d'eux, ces courants font irruption, soit du côté des autres nuages qui se trouvent à portée d'eux, soit vers les points les plus élevés de la terre, ou les plus rapprochés, mais toujours du côté où la résistance à ces grands mouvements est la moindre. L'électricité, alors, sous le nom de foudre, se manifeste sous mille formes différentes. Les divers courants existants, soit dans les nuages environnants, soit à la surface de la terre, s'allient entre eux, en formant des échanges de masses et de vitesses. De nouvelles combinaisons de molécules et d'agrégations matérielles qui se traduisent soit par des éclairs, qui animés d'énormes vitesses de translation franchissent presque instantanément d'immenses espaces, en inondant d'un vif éclat de lumière accompagné de violentes détonations tous les lieux environnants, soit par l'apparition de la foudre dont les effluves désorganisent, brûlent, cassent, brisent, dispersent et font voler en éclats tout ce qui se trouve sur leur passage.

D'autres fois, les molécules matérielles se concrètent dans des conditions analogues à celles sous l'empire desquelles se sont formés les différents corps célestes qui peuplent l'espace. Elles simulent alors des systèmes complets, en donnant naissance aux globes de feu dans lesquels toutes les molécules animées de vitesses considérables décrivent, les unes autour des autres et autour de leur centre commun de gravité, des trajectoires du second degré. Il est infiniment probable que les molécules matérielles qui constituent ces météores sont très-rapprochées les unes des autres, et qu'elles sont animées, comme dans les systèmes stellaires, de vitesses qui suffisent pour réaliser et maintenir l'équilibre nécessaire pour que l'attraction et la force centrifuge se faisant réciproquement équilibre, les divers éléments qui constituent le système conservent entre eux les distances respectives qui assurent leur stabilité.

Le mouvement de translation des globes de feu s'effectue généralement avec de faibles vitesses, et dans des conditions de direction qui, très-probablement, dépendent de l'équilibre des parties qui les constituent. Tant que cet état dure et se maintient, on voit le globe de feu parcourir de faibles distances en s'avançant lentement vers les points où il éprouve la moindre résistance dans sa marche. Mais comme il perd à chaque instant, soit par suite de l'action qu'exercent sur lui les effluves de molécules qui exercent leurs actions sur lui pour distendre les molécules matérielles dont il est composé, soit par la perte continuelle d'une partie de sa propre substance qui se diffuse dans l'espace, dès qu'il se manifeste une altération quelconque entre les rapports des forces qui maintiennent l'équilibre auquel était subordonné l'existence de ce météore, perte qui s'oppose à ce que cet état de choses puisse continuer à subsister; la force centrifuge qui augmente à chaque instant, par suite de ces diverses causes réunies finit par prendre le dessus, et il arrive un moment où l'attraction qui tend à concentrer les di-

verses parties de la masse au centre de gravité devient insuffisante, et les divers éléments qui le constituent se séparent violemment les uns des autres, ce qui détermine l'explosion du
globe de feu dont les diverses parties s'échappant avec violence
dans toutes les directions, brûlent, brisent, renversent, tuent
tout ce qui se rencontre sur leur passage.

Il existe très-probablement des connexions intimes entre ces
grands mouvements météorologiques et la formation de la pluie.
Il est probable qu'alors la vapeur d'eau est décomposée sous
l'influence du développement de l'électricité et que son hydrogène se combine avec l'oxygène de l'air, sous l'influence de
ces mêmes causes. Aussi voit-on toujours des ondées de pluie
se manifester à la suite de l'apparition d'un éclair et coïncider
avec le tonnerre; et, chose remarquable que je rappellerai ici
c'est la coïncidence qui existe entre le spectre produit par la
combustion de l'hydrogène et celui de l'éclair qui donnent
tous les deux les mêmes raies.

XXXII.

On comprend comment il est possible que les hommes éminents sur qui reposait, au commencement de ce siècle, le soin
de diriger la marche de la science, se soient laissés entraîner à
adopter une théorie qui, sous le nom de système des ondulations, attribuait à un fluide hypothétique, dit impondérable,
qu'ils avaient dépouillé de tous les attributs de la matière et
auquel on donna le nom d'*éther*, afin de s'en servir pour expliquer les phénomènes qui, par leur nature, échappaient à toutes
les notions et investigations des physiciens les plus haut placés
de cette époque. L'expérience, et les faits nouveaux qui ont été
découverts et mis au jour depuis cette époque n'existaient pas
encore, et aucune considération n'était alors de nature à empêcher de s'attacher à une hypothèse dont rien, dans la science,
n'était susceptible de révéler ni de démontrer l'invraisemblance
et la fausseté.

Les théories que je prêche depuis quarante ans, et que j'ai
longuement exposées dans mon mémoire sur l'origine et la
propagation de la force, tendent cependant de plus en plus à se
faire jour. La science positive commence à comprendre que

l'acte de l'annihilation de la force dans les mouvements des systèmes stellaires, les échanges de vitesse qui ont lieu entre les corps en mouvement à la surface de la terre, l'emploi de la vapeur à des températures élevées que l'on considérait comme pouvant produire indéfiniment de la force mécanique, sans perdre aucune portion de la chaleur qui constituait son état et son existence, etc., sont des opinions qui ne peuvent plus aujourd'hui se soutenir. Les plus simples règles du bon sens et de la raison condamnent également ces erreurs, parce qu'elles rentrent implicitement dans l'idée de la possibilité du mouvement perpétuel, dont il n'est plus possible de se déclarer le partisan sans s'exposer à encourir publiquement le blâme et la réprobation dont la science a justement entouré une opinion qui avait pris naissance à des époques où les connaissances n'étaient pas encore assez avancées pour en faire reconnaître immédiatement toute la fausseté. Mais on cessera d'être étonné de cette marche si lente et si mesurée, si l'on réfléchit au peu de temps qui s'est écoulé depuis que des savants sages et consciencieux ont pris ces graves questions pour sujet de leurs réflexions, et si l'on compare ces faibles intervalles au temps qu'il a fallu pour constater, approuver, et faire adopter par la science les plus légers progrès dans la voie de la vérité. Imbu de ces vérités, je ne m'étonne ni ne me préoccupe point de voir accepter les nouvelles réformes que j'ai introduites dans l'industrie et dans la science. Je sais qu'elles seront toutes accueillies un peu plus tôt ou un peu plus tard parce qu'elles sont l'expression de la vérité. J'ai lutté toute ma vie pour arriver à ce but et c'est dire assez que j'ai vécu au milieu d'oppositions et de contradictions qui, heureusement, ne sont jamais parvenues jusqu'à moi pour troubler mon repos et ma tranquillité. Il a fallu que seize années se fussent écoulées avant que l'amirauté anglaise eût reconnu la nécessité d'abandonner tous les systèmes de chaudière employés jusque-là sur les steamers de guerre de l'État afin d'y substituer les appareils à tubes que j'ai inventés et employés, pour la première fois en 1828, sur le chemin de fer de Lyon à Saint-Étienne.

Mon oncle Montgolfier, dès l'année 1800, avait mis au jour et formulé nettement d'une manière claire et précise le principe et la conséquence de la conservation indéfinie du mouvement et l'impossibilité de l'annihilation de la force. En 1824, je développai cette grande et belle idée dans une lettre que j'adressai à sir John Herschel qui la fit imprimer la même année dans la

Revue d'Edimbourg. Plus tard, j'ai développé complètement ma nouvelle théorie sur l'identité de la chaleur et du mouvement dans mon ouvrage sur l'influence des chemins de fer, qui a été imprimé en 1838 chez Bachelier. Et enfin, en 1839, j'ai écrit un long mémoire sur l'origine et la propagation de la force qui a été inséré dans le treizième volume du *Cosmos*, où j'ai accumulé toutes les considérations, les preuves et les démonstrations que j'ai pu rassembler, pour faire constater et faire prévaloir la vérité de ces principes.

Aujourd'hui encore je viens attaquer de front, environné de toutes les considérations et de toutes les preuves que j'ai pu réunir la théorie de l'éther, sur laquelle repose la science de l'optique moderne considérée, à juste titre, comme la branche la plus importante de la physique. On trouvera, sans doute, qu'il faut un grand courage pour affronter les oppositions et les objections de toute espèce que fera naître, parmi ceux qui par leur position sociale ont intérêt à rester attachés aux doctrines scientifiques actuellement reçues et acceptées, la prétention que j'émets d'y substituer des idées nouvelles, dont l'adoption aurait pour résultat d'anéantir un mode d'enseignement auquel ils considèrent que se trouvent liées leur réputation et leur existence scientifique; mais, ainsi que je l'ai déjà fait remarquer, il est éloigné, et il faut le compter par générations, le temps qui doit s'écouler entre la reconnaissance d'un principe qui exige, pour être apprécié, des connaissances à la portée de si peu de personnes, principe cependant reconnu vrai déjà par les plus hautes sommités scientifiques, et l'époque où il sera généralement adopté par la science et aura passé dans l'enseignement.

En résumant la théorie de l'éther, avec un sentiment dégagé de toute idée préconçue et indépendant de toute autre considération que celle de l'amour de la vérité, on ne peut s'empêcher d'être frappé du disparate complet et de l'opposition flagrante qui a lieu actuellement entre cette théorie et les nouveaux principes qui sont le résultat des progrès qu'a faits la science de nos jours. Cet agent auquel, faute de mieux, des hommes recommandables à tous égards s'étaient rattachés en donnant à son existence une réalité fictive, ne peut plus se soutenir, et l'on doit bien forcément en faire l'abandon. Il faut, en effet, exiger de son esprit un singulier tour de force, pour se persuader qu'un être auquel on refuse tous les attributs et toutes les propriétés de la matière puisse, cependant, exercer dans certains cas, sur cette même matière, des actions qui dépassent les efforts les plus puissants que nous obtenons lorsque nous disposons des agents susceptibles de développer de la force mécanique pour l'employer aux usages que réclament la satisfaction de nos divers besoins.

Indépendamment de ces grandes commotions qui sont le produit des actions électriques, ne voyons-nous pas des effets bien plus surprenants encore, et bien plus difficiles à expliquer par les théories reçues et acceptées? Car comment se rendre compte d'une manière satisfaisante de ce simulacre de retour à la vie, qui est le résultat de l'action de la pile voltaïque sur les corps organisés privés de mouvement, lorsqu'il s'est écoulé un temps plus ou moins long après la cessation complète des fonctions de tous les organes. Je pourrais encore citer les actions électriques qui exercent, soit au contact soit à de grandes distances, des effets si puissants sur les corps organisés et inorganiques, en brisant, détruisant et transportant au loin des masses considérables avec un développement de chaleur et de lumière dont nous ne pouvons obtenir la réalisation par aucun des moyens dont nous disposons. J'ajouterai encore à cette longue nomenclature la mention des propriétés magnétiques et électriques, communiquées à distance par les corps qui les possèdent, à ceux qui en sont privés; soit d'une manière permanente ou temporaire; le mouvement de l'aiguille d'Arago, mise en rotation par l'effet d'un disque tournant, n'importe la nature de ces deux agents qui sont séparés l'un de l'autre par quelque corps que ce soit; l'arrêt subit d'un corps métallique tournant avec une grande vitesse, indépendamment de la rapidité de son mouvement, aussitôt qu'on le place au milieu de l'effluve d'un grand courant magnétique; et mille autres cas dans lesquels une puissance invisible semble agir à notre insu, exactement comme si ces corps étaient mis en mouvements par des agents matériels dont nos connaissances physiques nous permettent d'apprécier la manière d'être et d'agir.

Mais pourrait-il venir à la pensée de quelqu'un que l'éther est un être mixte tenant le milieu entre l'esprit et la matière? et qu'il agit sur elle de la même manière ou d'une manière analogue à celle, incompréhensible pour nous, que l'âme a reçue de Dieu, de transmettre et de faire exécuter aux divers agents de notre organisation animale les mouvements qui sont corrélatifs des sensations de toute espèce et de toute nature qu'elle éprouve. Mais, s'il en était ainsi, et que les partisans de l'éther poussés dans leurs derniers retranchements en fussent réduits à invoquer de pareils arguments, leur cause serait bien vite jugée, et il serait inutile d'insister plus longtemps auprès d'eux pour les dissuader d'une erreur qui tomberait dès lors d'elle-même bien vite dans le néant.

On ne peut donc évidemment considérer l'éther, tel qu'il est défini par les physiciens, que comme un être intercalé par eux dans la création, uniquement pour satisfaire aux exigences d'une hypothèse dont rien ne peut justifier l'existence et encore moins l'admission.

Et comme, d'ailleurs, j'ai démontré jusqu'à l'évidence, que tous les effets qu'on attribue à l'éther sont une suite nécessaire des propriétés, du mode d'action et des attributs dont est douée la matière; et que tous les calculs et toutes les formules employées par les géomètres pour expliquer et prévoir les différentes phases des phénomènes peuvent également bien s'appliquer, comme je l'ai fait voir, en considérant ces phénomènes comme les conséquences des actions que les molécules matérielles exercent les unes sur les autres en obéissant à la loi de l'attraction en raison directe des masses et réciproque aux distances; on voit que cette abstraction n'a plus aucune raison d'être, et que M. de Humboldt était parfaitement dans le vrai, au sujet de l'éther lorsqu'il m'écrivait pour me faire compliment d'avoir débarrassé l'enseignement d'un mythe devenu dès lors complétement inutile à la science.

Ces considérations acquièrent encore une nouvelle force, une plus grande valeur et un degré de certitude bien autrement considérables, lorsqu'on envisage les principes sur lesquels se fondent les partisans de l'éther pour asseoir leur doctrine, les conséquences qui en découlent et les risibles erreurs qui en sont les résultats. On voit, en effet, que dans tous les traités de physique qui s'impriment encore journellement et servent de texte aux professeurs dans les chaires où ils enseignent les éléments de physique à leurs élèves, on pose en principe ces singulières assertions, que deux ondes lumineuses qui se rencontrent avec des mouvements contraires s'anéantissent réciproquement, que le mouvement dont elles étaient animées se trouve annihilé et réduit à néant et que l'obscurité qui succède alors à la lumière est le résultat de ce choc.

Cette erreur, il faut en convenir, était du nombre de celles qui avaient pris naissance à une époque où l'absence totale de travaux qui eussent été nécessaires et de nature à éclairer la science sur ces épineuses questions, laissait ceux qui établissaient ces théories dans la plus grande incertitude sur la confiance que pouvaient inspirer aux savants, les principes qu'ils établissaient comme devant servir de base à leurs doctrines. Mais on sait que les idées les plus difficiles à déraciner sont en général celles qui sont les plus absurdes et les plus éloignées de la vérité ; et il est dès lors facile de comprendre comment celle-ci est parvenue intacte jusqu'à nous, et résiste encore à l'évidence qui n'a pu jusqu'ici obtenir le résultat de dissiper les ténèbres qui l'environnent.

En insistant comme je le fais avec tant d'ardeur et tant de ténacité pour déraciner une erreur que mon oncle MONTGOLFIER a combattue pendant toute sa vie, j'ai eu principalement en vue de glorifier son nom et rendre à sa mémoire oubliée l'éclat, l'hommage et la justice qui lui sont dus. J'ai eu aussi en vue, dans tout mon travail, d'élever bien haut l'immense et immortel génie de NEWTON, l'esprit le plus droit, le plus grand, le plus vaste et le plus profond qui ait jamais existé de mémoire d'homme ! et tous mes vœux seront satisfaits si ceux qui auront le courage et la patience de lire les ouvrages que j'ai écrits pour arriver à ce but trouvent que je suis parvenu à ajouter un fleuron à sa couronne d'immortalité en étendant jusqu'à l'infiniment petit les admirables combinaisons qu'il avait su trouver dans l'infiniment grand.

SÉGUIN AÎNÉ.

PARIS. — IMPRIMERIE V. GOUPY ET Cⁱᵉ, RUE GARANCIÈRE, 5.